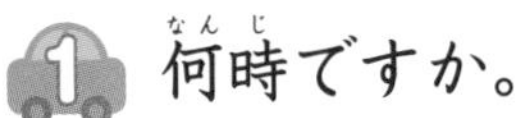

1 時計①（何時）

月　日

点

何時ですか。　【1問　10点】

①

（　1　時　）

短いはりで何時をよむよ。
短いはりは 1 だねｏ

②

短いはりが 2 だね。

（　2　時　）

③

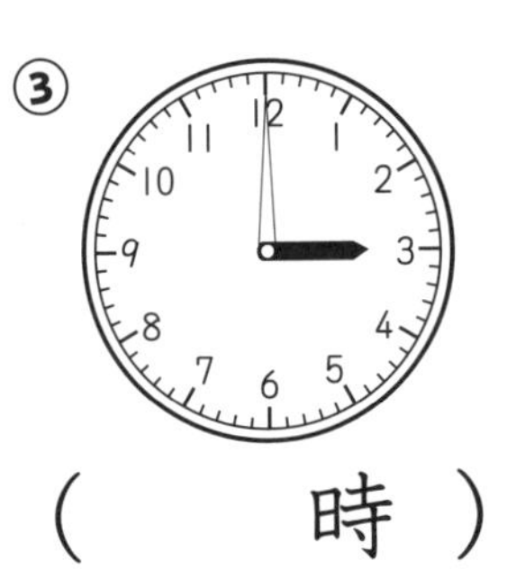

（　　時　）

④

（　　時　）

⑤

（　　時　）

⑥

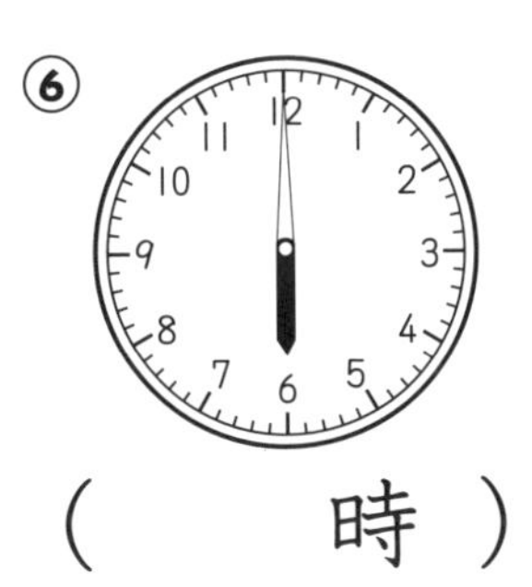

（　　時　）

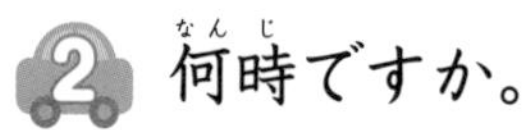

何時ですか。

【1問　5点】

①

（　　時　）

②

（　　時　）

③

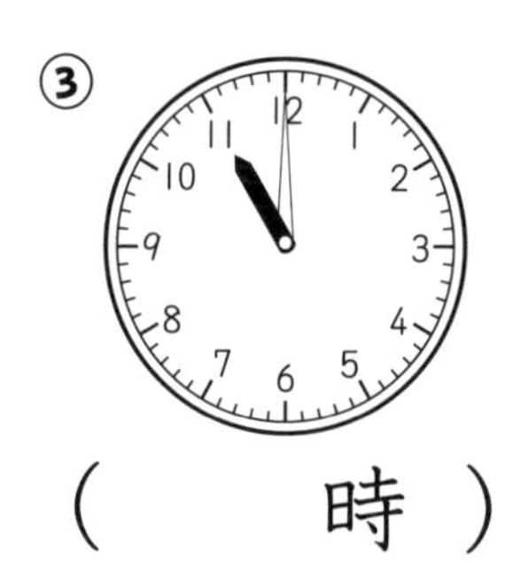

（　　時　）

④

（ 12 時　）

⑤

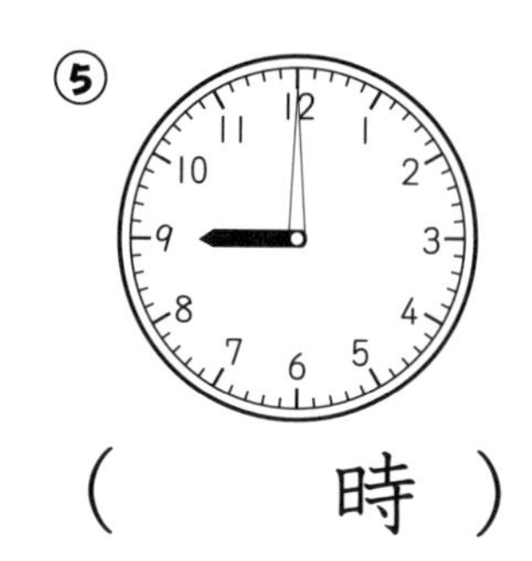

（　　時　）

⑥

（　　時　）

⑦

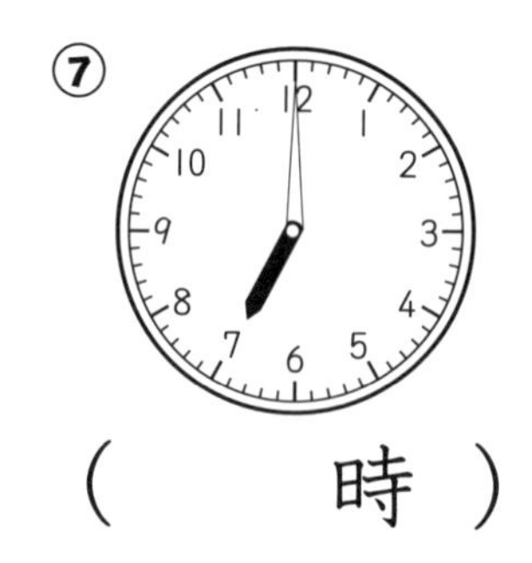

（　　時　）

⑧

（　　時　）

2 時計②（何時半）

月　日

点

1 何時半ですか。【1問　6点】

①

（　　時半）

②

（　　時半）

長いはりが 6 で，短いはりが 2 と 3 の間にあるときは 2 時半だよ。

③

（　　時半）

④

（　　時半）

⑤

（　　時半）

2 何時半ですか。

【1問　10点】

①

（　　時半）

②

（　　時半）

③

（　　時半）

④

（　　時半）

⑤

（　　時半）

⑥

（　　時半）

⑦

（　　時半）

3 時計③（何時10分まで）

月　日　　点

1 何時何分ですか。

【1問　4点】

①

（ 8 時 1 分 ）

長いはりで何分をよむよ。
長いはりの 1 めもりが
1 分だよ。

②

（　　時　　分）

長いはりが 2，
短いはりが 8 だね。

③

（　　時　　分）

④

（　　時　　分）

⑤

（　　時　　分）

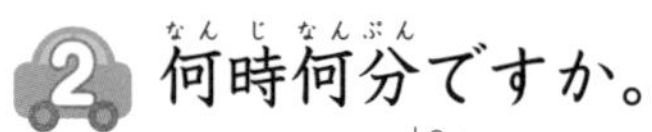

何時何分ですか。

【1問　10点】

①

（　　時　　分）

②

（　　時　　分）

③

（　　時　　分）

④

（　　時　　分）

⑤

（　　時　　分）

⑥

（　　時　　分）

⑦

（　　時　　分）

⑧

（　　時　　分）

4 時計④（何時10分まで）

月　日

点

1 何時何分ですか。

【1問　6点】

①

（ 8 時 5 分 ）

②

（ 時 5 分 ）

③

（ 時 分 ）

④

（ 時 分 ）

⑤

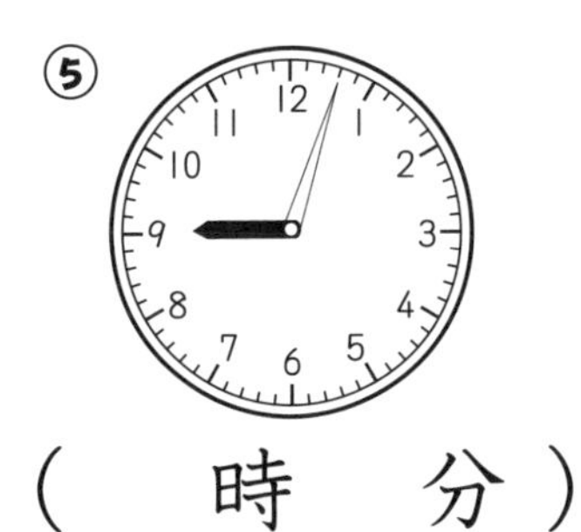

（ 時 分 ）

⑥

（ 時 分 ）

短いはりで何時，
長いはりで何分を
よもう。

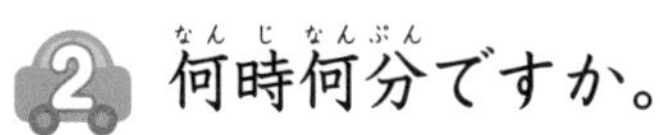

2 何時何分ですか。

【1問　8点】

①

（　　時　　分）

②

（　　時　　分）

③

（　　時　　分）

④

（　　時　　分）

⑤

（　　時　　分）

⑥

（　　時　　分）

⑦

（　　時　　分）

⑧

（　　時　　分）

5 時計(とけい)⑤（何時(なんじ)20分(ぷん)まで）

月　日

点

1 何時何分(なんじなんぷん)ですか。

【1問(もん)　10点(てん)】

①

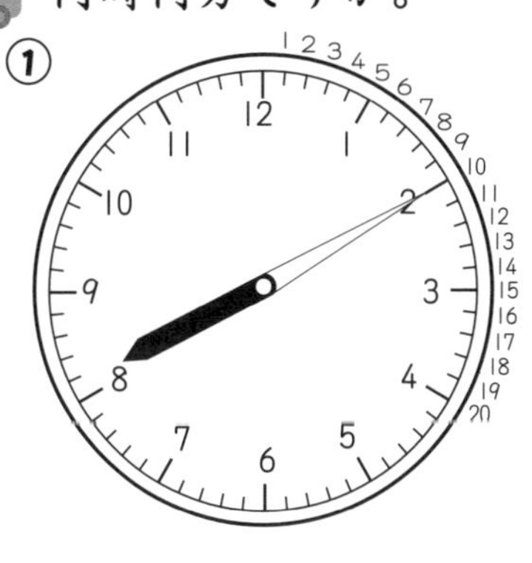

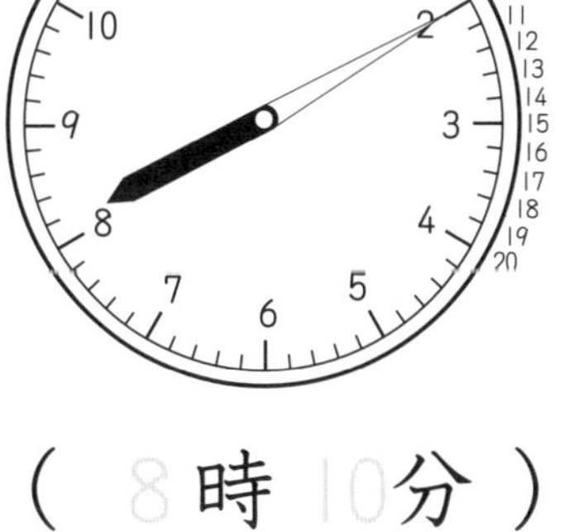

（ 8 時 10 分 ）

②

（　時　分 ）

③

（　時　分 ）

④

（　時　分 ）

小(ちい)さい 1 めもりが 1 分(ぷん)だよ。
長(なが)いはりのめもりを数(かぞ)えて
何分(なんぷん)をよむよ。

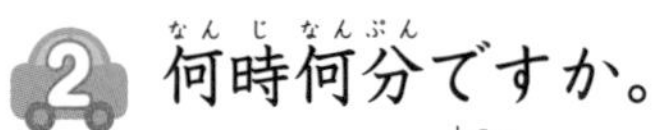

2 何時何分ですか。

【1問　10点】

①

（　　時　　分）

②

（　　時　　分）

③

（　　時　　分）

④

（　　時　　分）

⑤

（　　時　　分）

⑥

（　　時　　分）

6 時計⑥（5分ごと）

月　日

点

1 何時何分ですか。

【1問　6点】

①

（ 9 時 20 分 ）

④
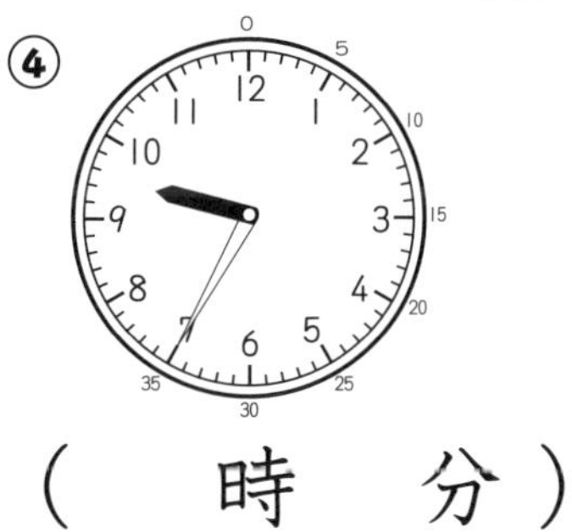

（　　時　　分 ）

②

（　　時　　分 ）

⑤

（　　時　　分 ）

③
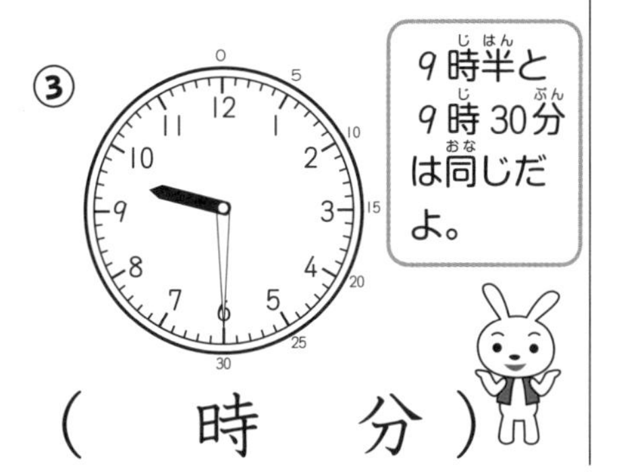

（　　時　　分 ）

⑥
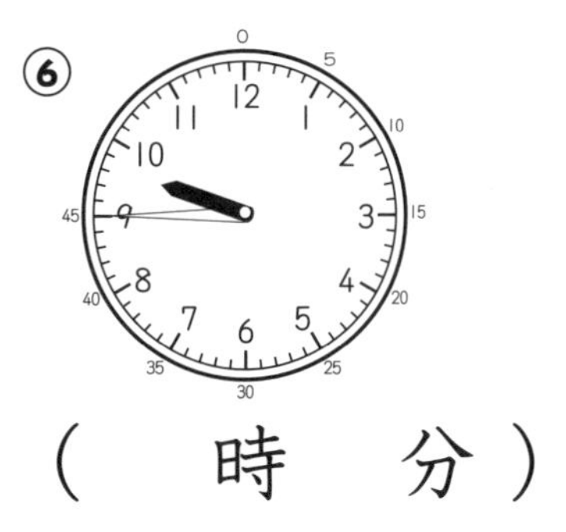

（　　時　　分 ）

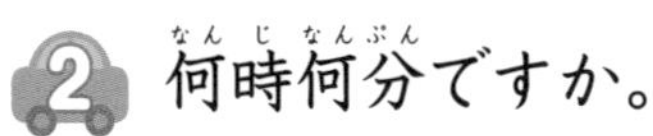

2 何時何分ですか。

【1問　8点】

①

（ 9 時 15 分 ）

②

（　　時　　分 ）

③

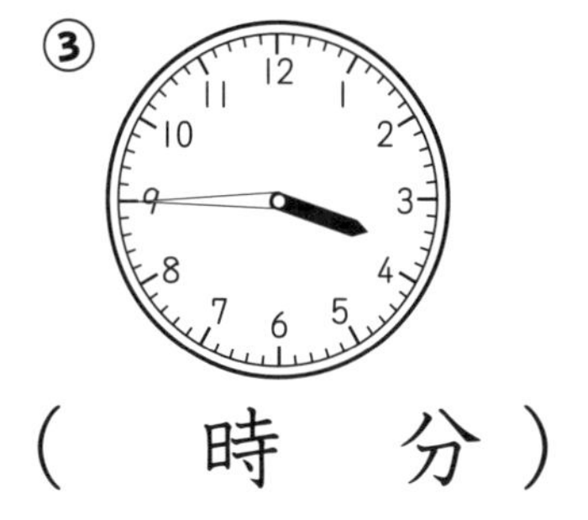

（　　時　　分 ）

④

（　　時　　分 ）

⑤

（　　時　　分 ）

⑥

（　　時　　分 ）

⑦

（　　時　　分 ）

⑧

（　　時　　分 ）

7 時計⑦（何時何分）

月　日

点

1 何時何分ですか。

【1問　6点】

①

（ 8 時 10 分 ）

②

（ 8 時 11 分 ）

③

（　　時　　分 ）

④

（ 9 時　　分 ）

⑤

（　　時　　分 ）

⑥

（　　時　　分 ）

長いはりのめもりを
よく見てね。

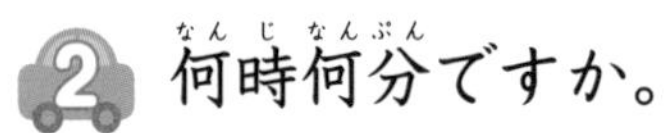

何時何分(なんじなんぷん)ですか。

【1問(もん)　8点(てん)】

①

（ 4 時 30 分 ）

②

（　　時　　分 ）

③

（　　時　　分 ）

④

（　　時　　分 ）

⑤

（　　時　　分 ）

⑥

（　　時　　分 ）

⑦

（　　時　　分 ）

⑧

（　　時　　分 ）

時計(とけい)のよみ方(かた)がわかってきたかな？

8 時計⑧（何時何分）

月　日

点

1 何時何分ですか。

【1問　6点】

①

（ 8 時 17 分 ）

②

（　　時　　分 ）

③

（　　時　　分 ）

④

（　　時　　分 ）

⑤

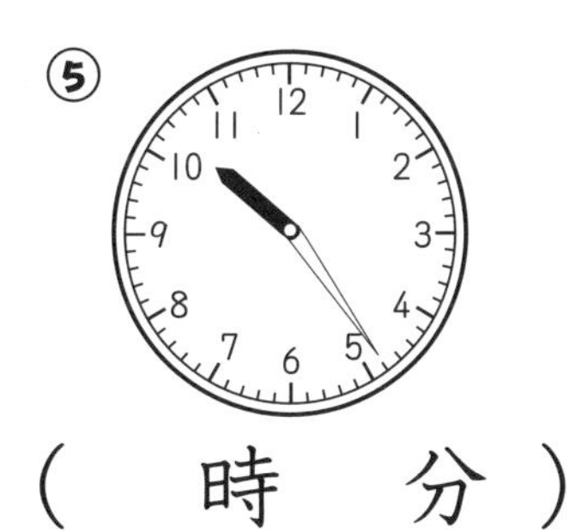

（　　時　　分 ）

⑥

（　　時　　分 ）

短いはりで何時，
長いはりで何分をよむよ。

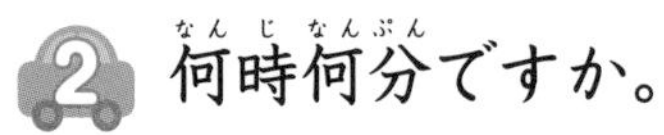

2 何時何分ですか。

【1問　8点】

①

（ 8 時 12 分 ）

②

（　　時　　分 ）

③

（　　時　　分 ）

④

（　　時　　分 ）

⑤

（　　時　　分 ）

⑥

（　　時　　分 ）

⑦

（　　時　　分 ）

⑧

（　　時　　分 ）

9 時計⑨（何時何分）

月　日

点

1 何時何分ですか。【1問　5点】

①

（ 1 時 31 分 ）

②

（　時　分）

③

（　時　分）

④

（　時　分）

⑤

（　時　分）

⑥

（　時　分）

短いはりのよみまちがいに
気をつけてね。

2 何時何分ですか。

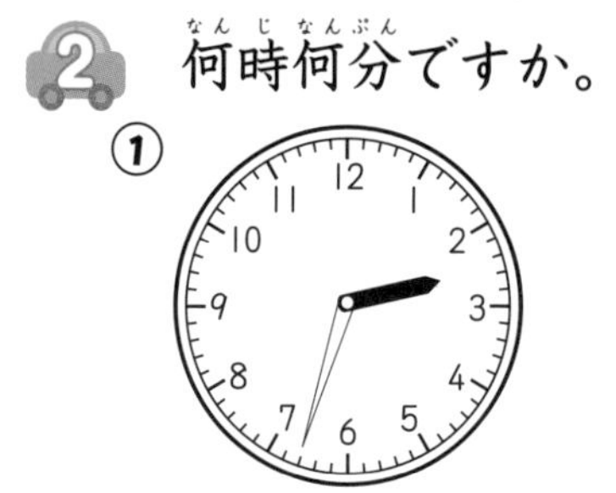

①

（　　時　　分）

②

（　　時　　分）

③

（　　時　　分）

④

（　　時　　分）

⑤

（　　時　　分）

⑥

（　　時　　分）

⑦

（　　時　　分）

10 時こくと時間①

月　日

点

1 □にあう数を書きましょう。【1問　5点】

① 時計の長いはりが１めもり動くと□分です。

② 長いはりが１回りすると□分です。

③ 長いはりが１回りすると□時間です。

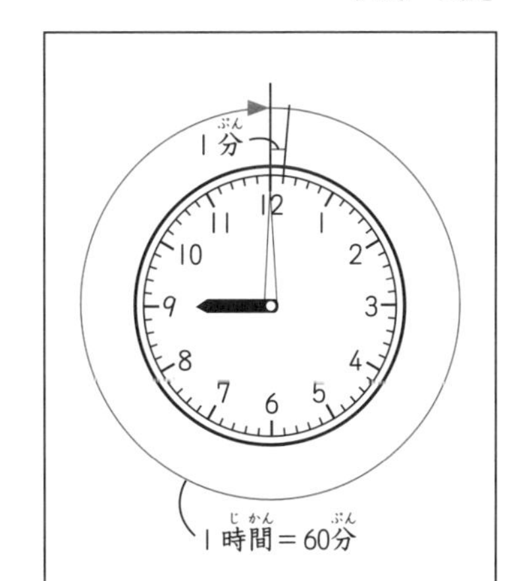

④ １時間＝□分

⑤ 長いはりが２めもり動くと□分です。

⑥ 長いはりが２回りすると□分です。

⑦ 長いはりが２回りすると□時間です。

⑧ ２時間＝□分です。

⑨ ５分たつと，長いはりは□めもり動きます。

⑩ ５時間たつと，長いはりは□回りします。

2 □にあうことばや数を書きましょう。 【1問 5点】

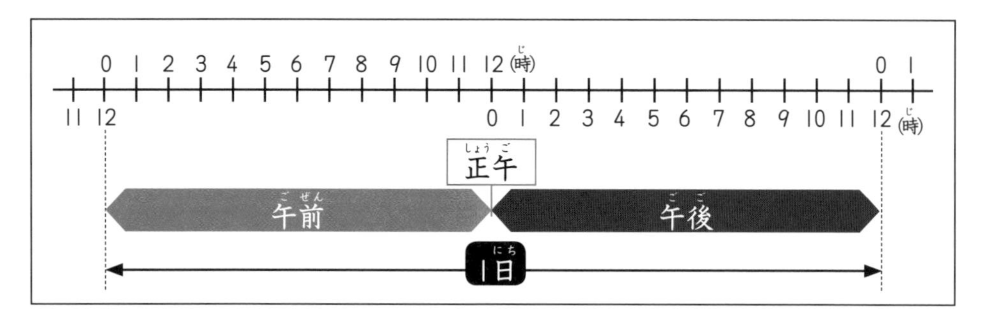

① 夜の0時から昼の12時までを □ といいます。

② 午前は，□ 時間です。

③ 昼の0時から夜の12時までを □ といいます。

④ 午後は，□ 時間です。

⑤ 昼の12時のことを □ といいます。

⑥ 1日＝□ 時間

⑦ 午前0時のことを，午後 □ 時ともいいます。

⑧ 午前12時のことを，午後 □ 時ともいいます。

⑨ 時計の短いはりは，□ 時間で1回りします。

⑩ 時計の短いはりは，1日に □ 回りします。

11 時こくと時間②

□にあう数を書きましょう。 【1問 10点】

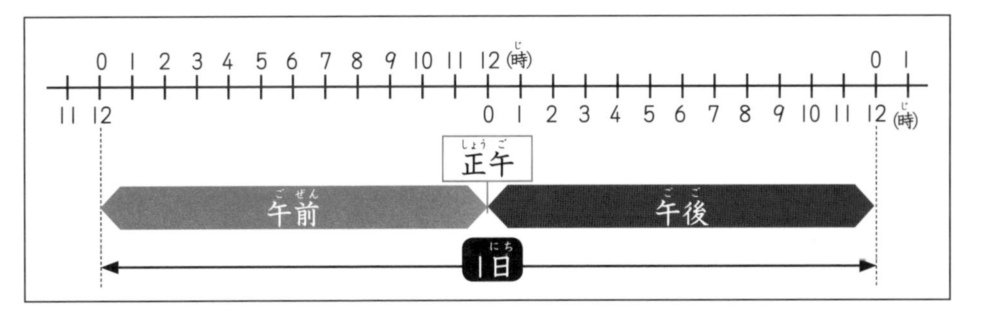

① 午前0時から午前7時までの時間は，□時間です。

② 午後2時から午後5時までの時間は，□時間です。

③ 午前0時から10時間すぎると，時こくは午前□時です。

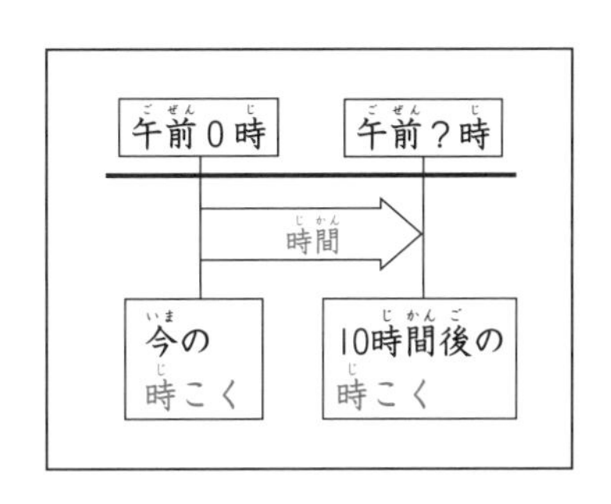

④ 正午から6時間すぎると，時こくは午後□時です。

⑤ 午後4時から5時間すぎると，時こくは午後□時です。

⑥ 午後8時の2時間前の時こくは，午後□時です。

2 下の時計を見て，つぎの時こくを答えましょう。【1問　5点】

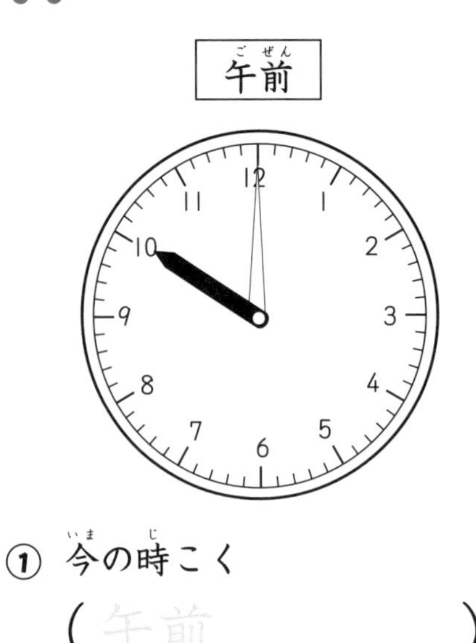

① 今の時こく

（ 午前 　　　　）

② 30分後の時こく

（　　　　　　　）

③ 30分前の時こく

（　　　　　　　）

④ 1時間後の時こく

（　　　　　　　）

3 下の時計を見て，つぎの時こくを答えましょう。【1問　5点】

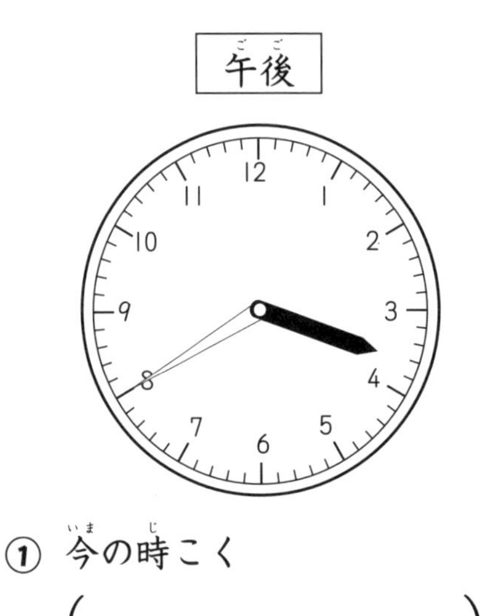

① 今の時こく

（　　　　　　　）

② 1時間前の時こく

（　　　　　　　）

③ 30分前の時こく

（　　　　　　　）

④ 20分後の時こく

（　　　　　　　）

12 時こくと時間③

月　日

点

1 左の時こくから右の時こくまでの時間は何時間ですか。

【1問　10点】

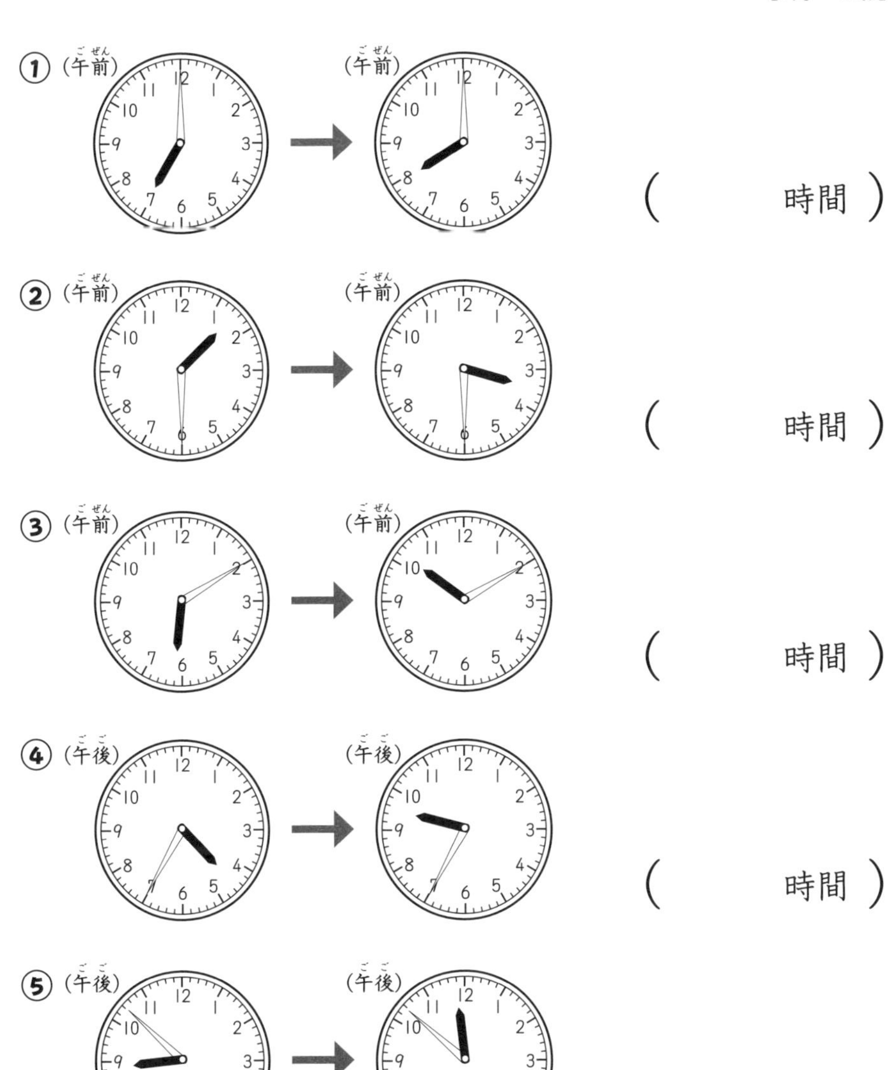

2 左の時こくから右の時こくまでの時間は何時間ですか。

【1問　10点】

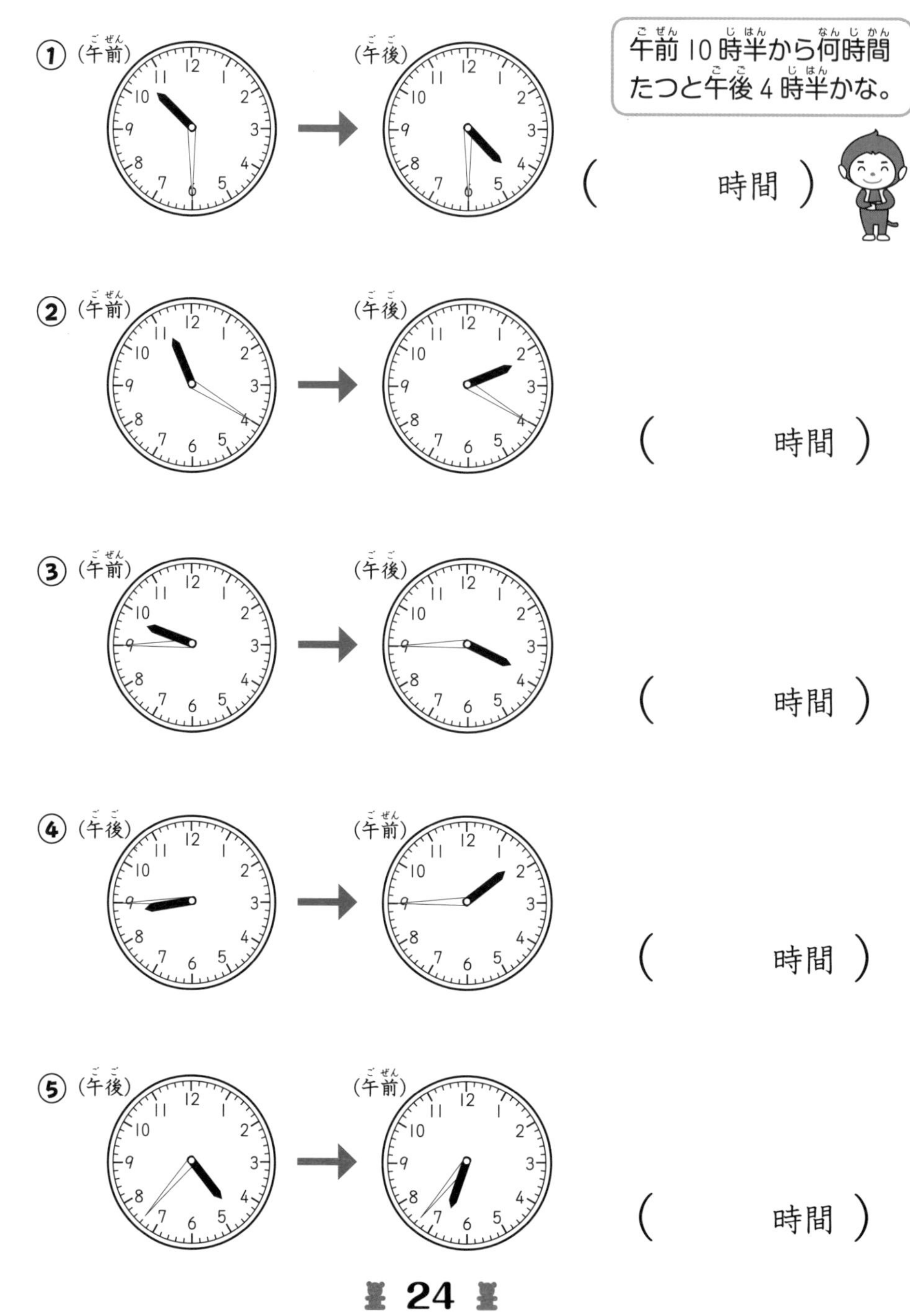

月　日

点

1 左の時こくから右の時こくまでの時間は何分ですか。

【1問　10点】

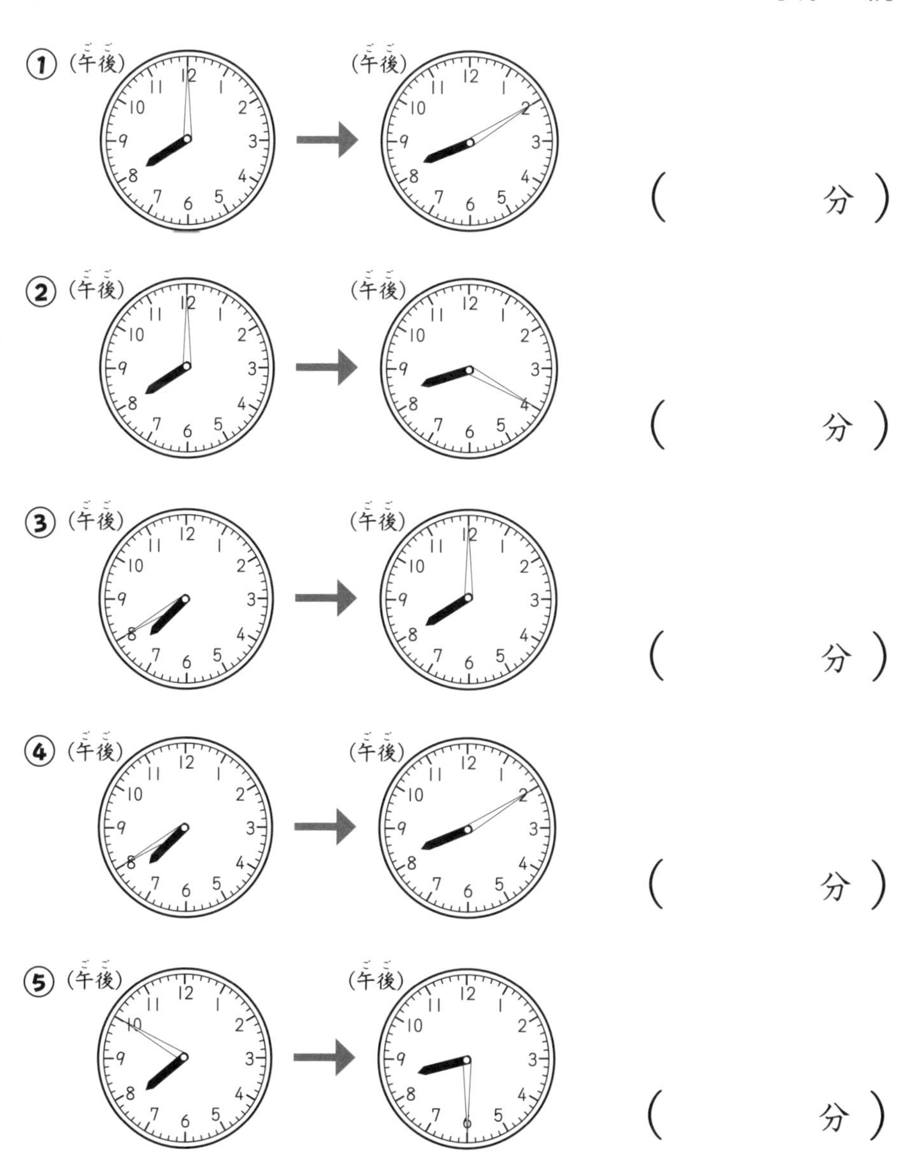

①（　　　分）

②（　　　分）

③（　　　分）

④（　　　分）

⑤（　　　分）

2 左の時こくから右の時こくまでの時間は何分ですか。

【1問　10点】

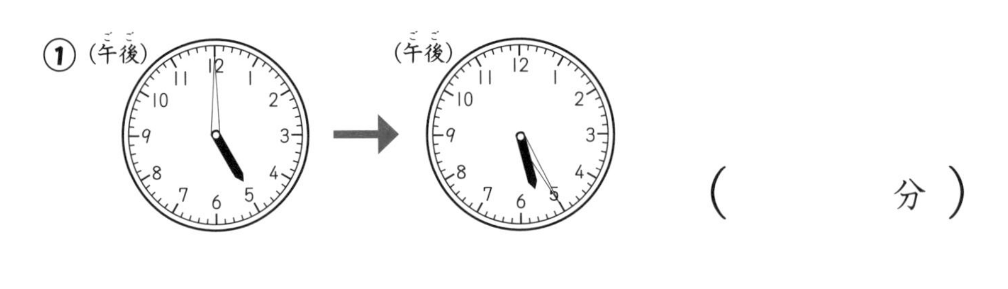

（　　　分）

（　　　分）

（　　　分）

④ (午後)　→　(午後)

（　　　分）

⑤ (午後)　→　(午後)

（　　　分）

14 時こくと時間⑤

月　日

点

1 左の時こくから右の時こくまでの時間は何時間何分ですか。

【1問　10点】

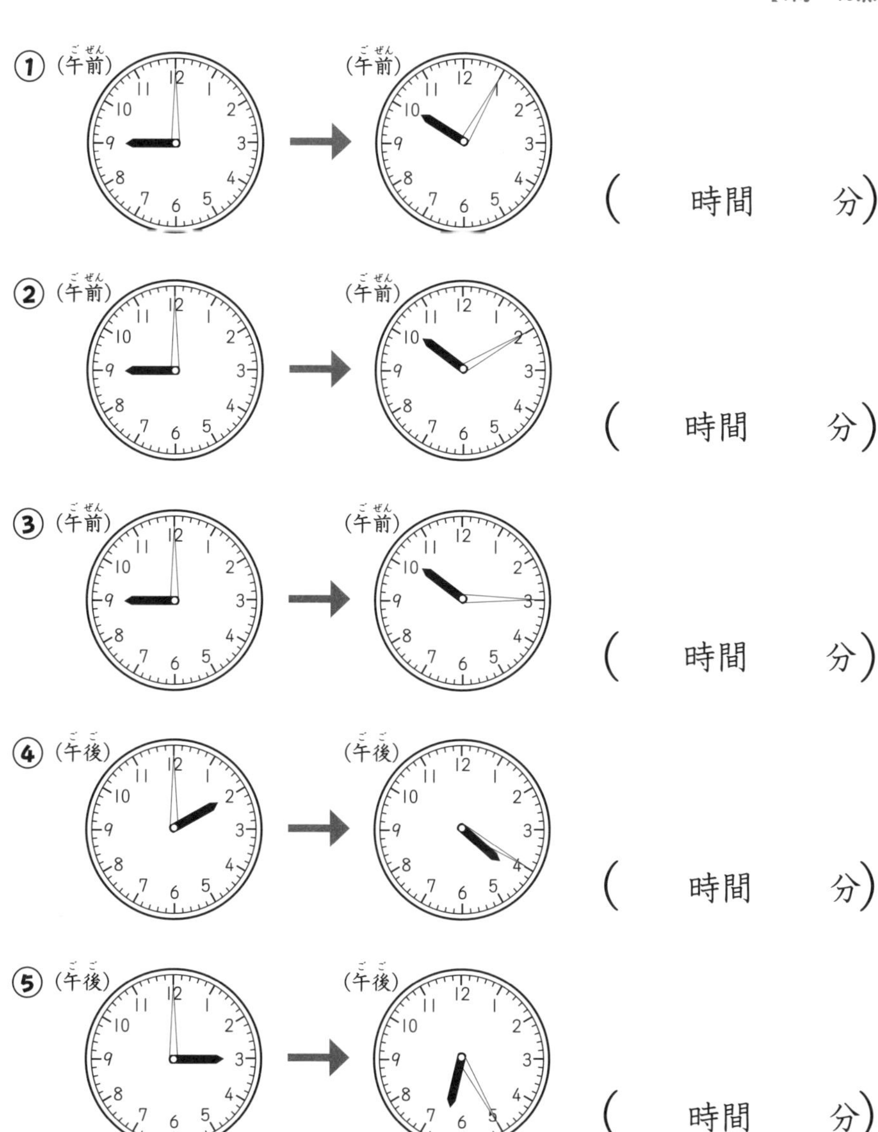

①（　　時間　　分）

②（　　時間　　分）

③（　　時間　　分）

④（　　時間　　分）

⑤（　　時間　　分）

2 左の時こくから右の時こくまでの時間は何時間何分ですか。

【1問　10点】

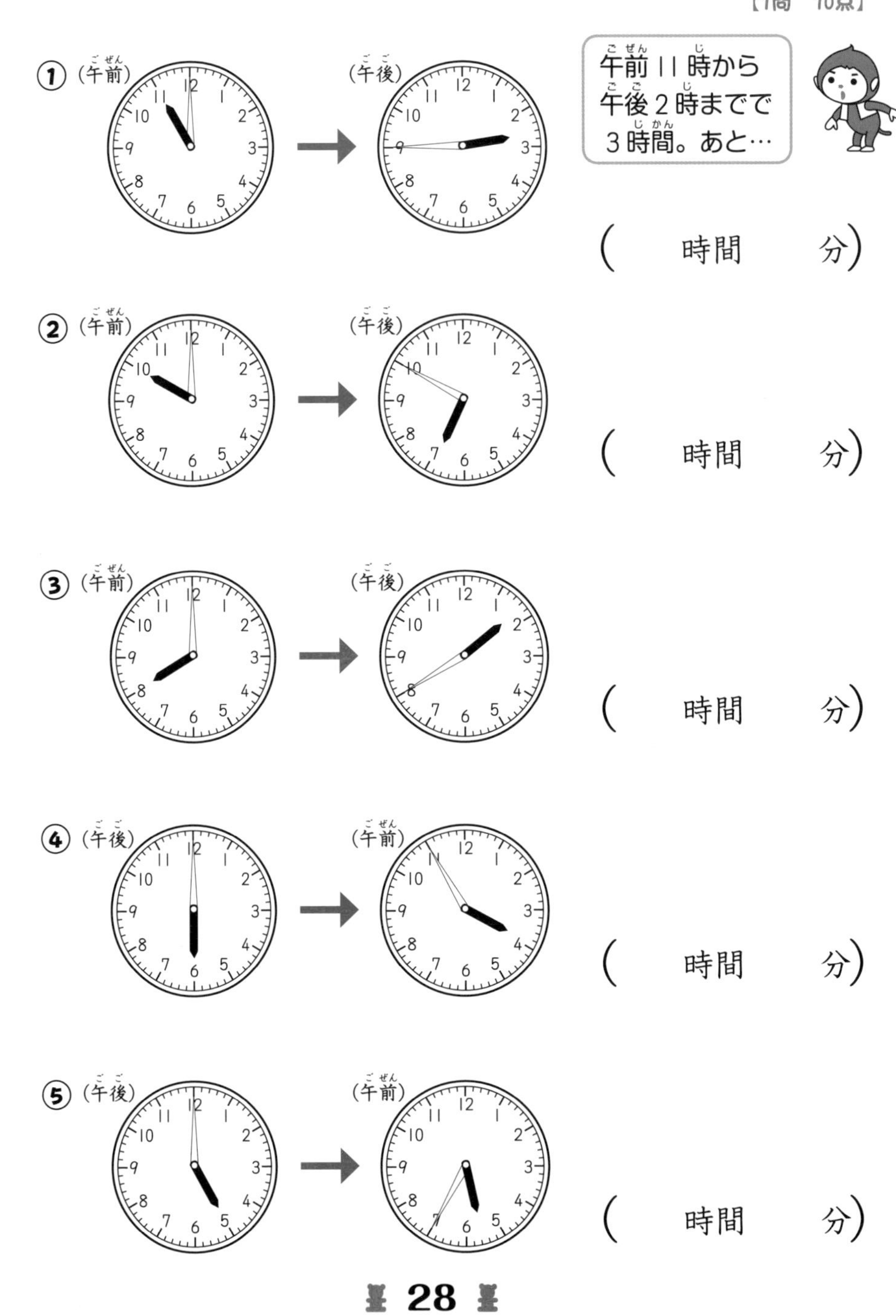

15 時こくと時間⑥

月　日

点

1 左の時こくから右の時こくまでの時間は何時間何分ですか。

【1問　10点】

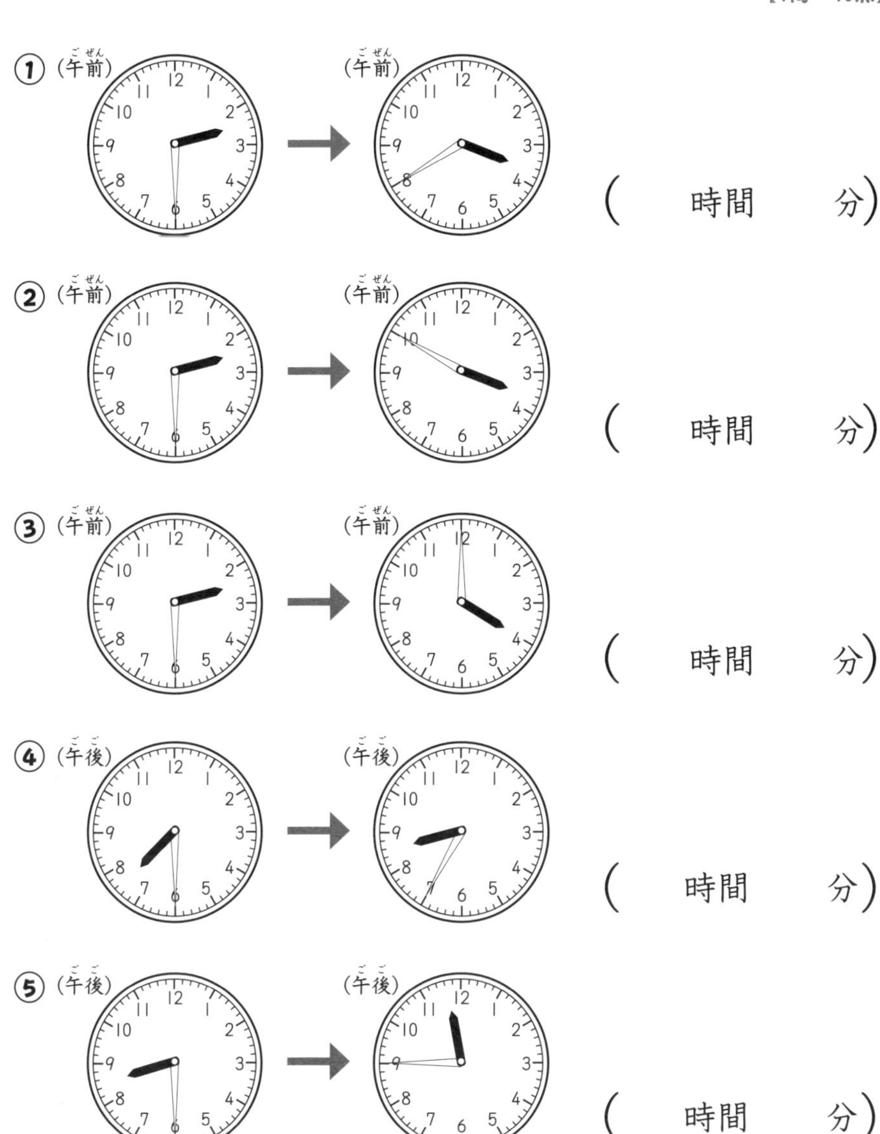

2 左の時こくから右の時こくまでの時間は何時間何分ですか。

【1問　10点】

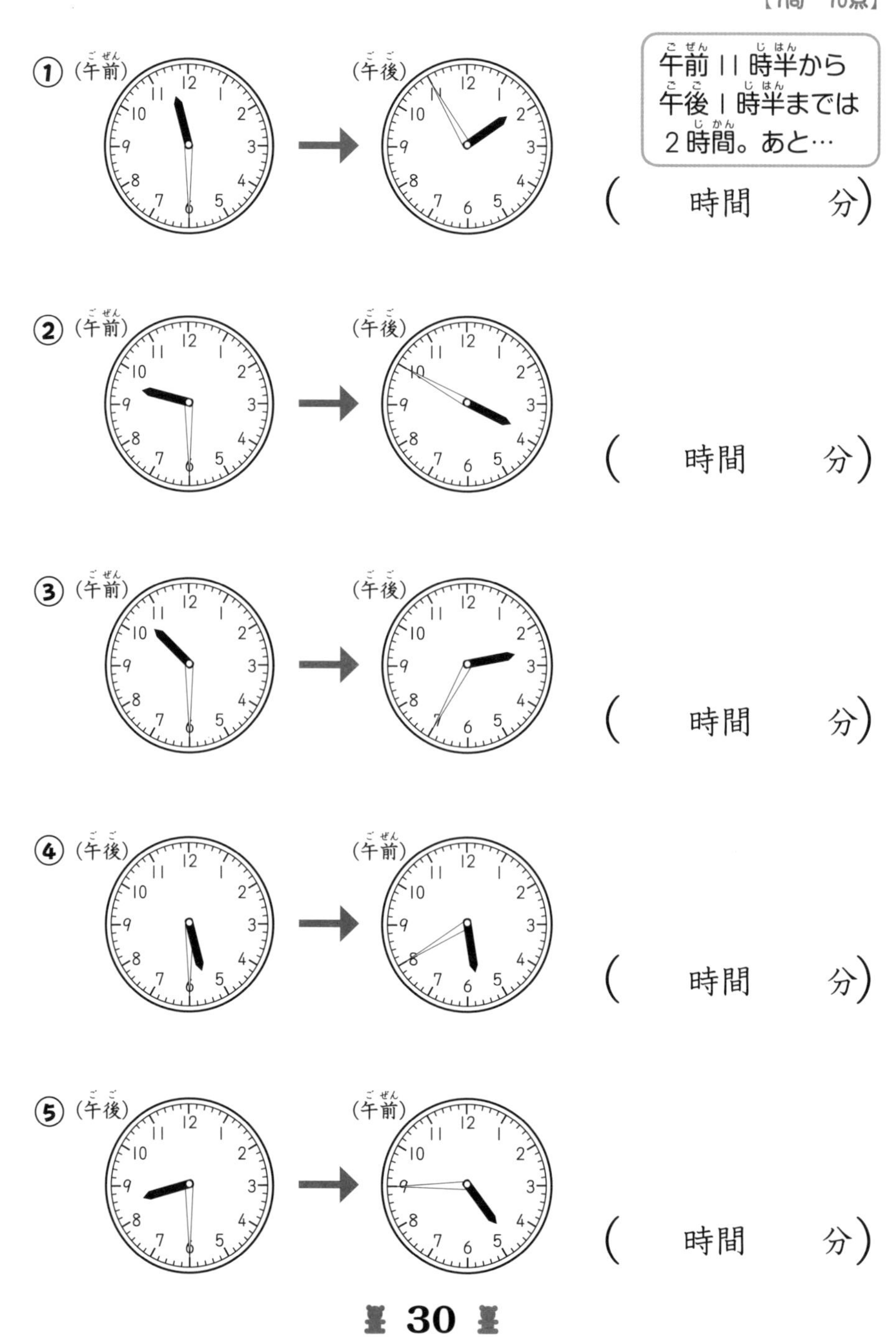

①（　　時間　　分）

②（　　時間　　分）

③（　　時間　　分）

④（　　時間　　分）

⑤（　　時間　　分）

16 時こくと時間⑦

月　日

点

1 □にあてはまることばや数を書きましょう。【1問　2点】

① 1分より短い時間のたんいに□があります。

② 1分＝□秒

短い時間をはかるときは，ストップウォッチを使うとべんりだよ。

2 ストップウォッチは何秒を表していますか。【1問　8点】

①

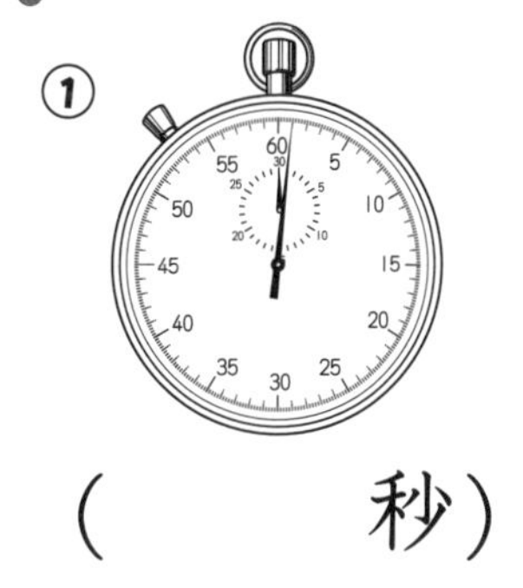

（　　　秒）

②

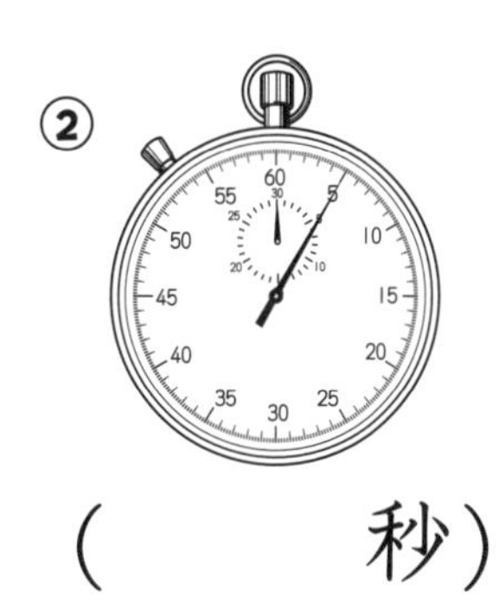

（　　　秒）

③

（　　　秒）

④

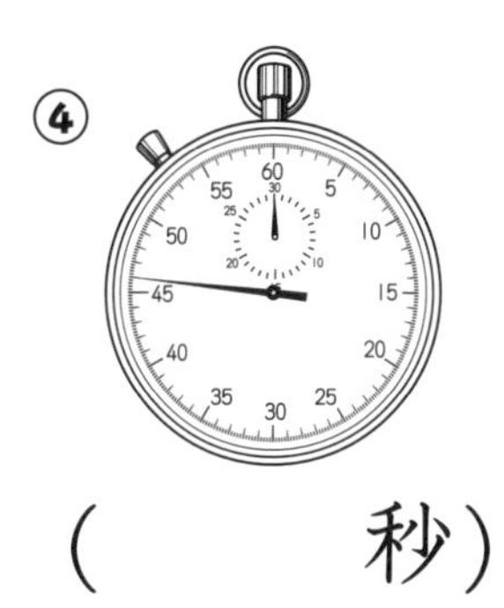

（　　　秒）

3 ストップウォッチは何分何秒を表していますか。【1問　8点】

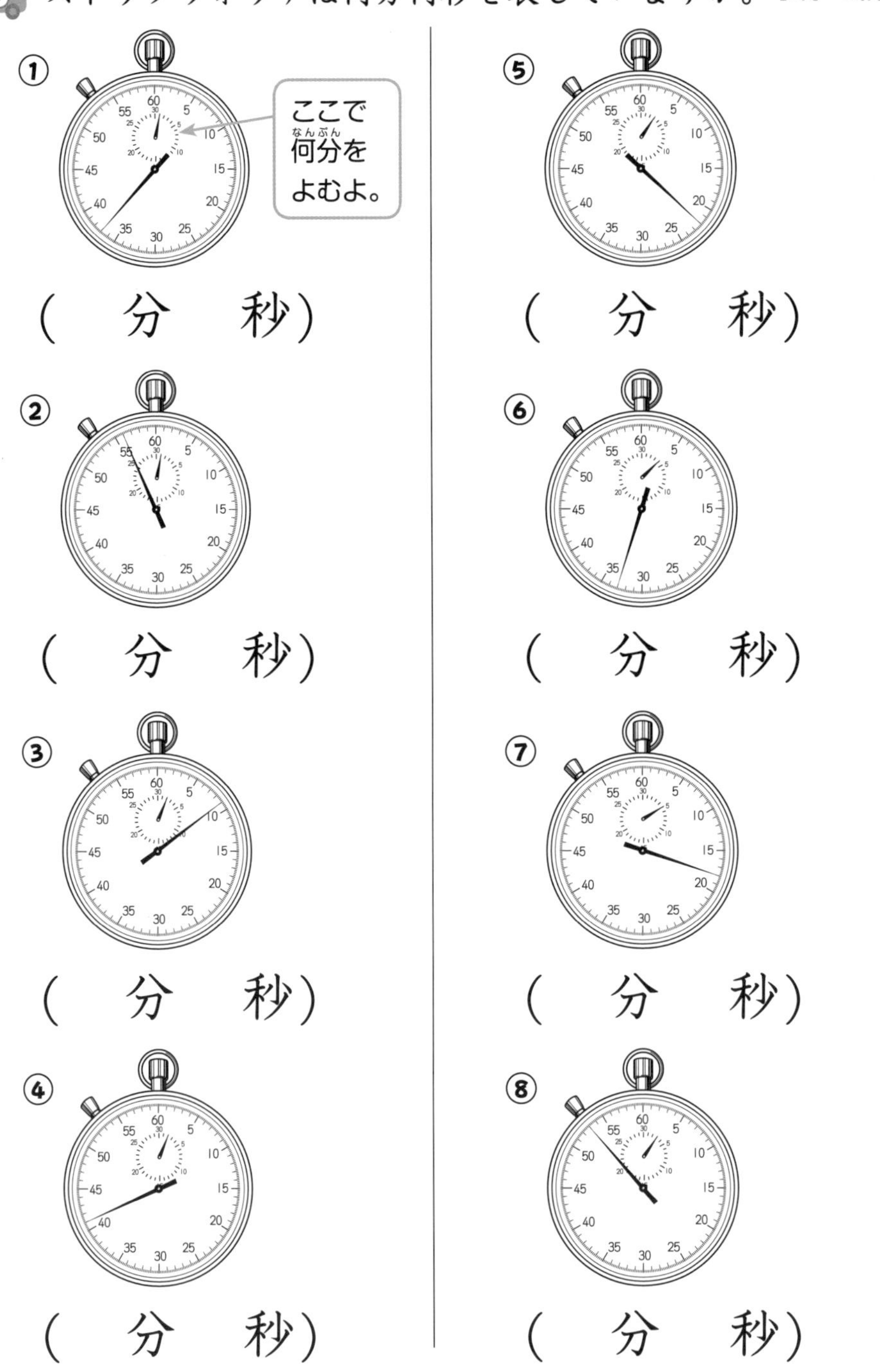

① (　　分　　秒)

② (　　分　　秒)

③ (　　分　　秒)

④ (　　分　　秒)

⑤ (　　分　　秒)

⑥ (　　分　　秒)

⑦ (　　分　　秒)

⑧ (　　分　　秒)

時こくと時間⑧

月　日

点

1 □にあてはまる数を書きましょう。【1問　5点】

ストップウォッチの長いはりが1回りすると，1分＝60秒だよ。

① 1分＝□秒

② 1分5秒＝□秒

60秒＋5秒だよ。

③ 1分10秒＝□秒

④ 1分30秒＝□秒

⑤ 1分42秒＝□秒

⑥ 1分54秒＝□秒

⑦ 2分＝□秒

⑧ 2分1秒＝□秒

⑨ 2分15秒＝□秒

⑩ 2分59秒＝□秒

⑪ 3分＝□秒

⑫ 5分＝□秒

2 □にあてはまる数を書きましょう。 【1問 5点】

① 62秒＝□分□秒

60秒＝1分を使って考えよう。

② 70秒＝□分□秒

③ 100秒＝□分□秒

④ 113秒＝□分□秒

⑤ 120秒＝□分

60秒が2つぶんだね。

⑥ 125秒＝□分□秒

60秒が2つぶんと，あと何秒あるかな？

⑦ 150秒＝□分□秒

⑧ 240秒＝□分

60秒がいくつぶんあるかを考えよう。
60秒が1つぶんで1分
60秒が2つぶんで2分
⋮　⋮

18 時こくと時間⑨

月　日

点

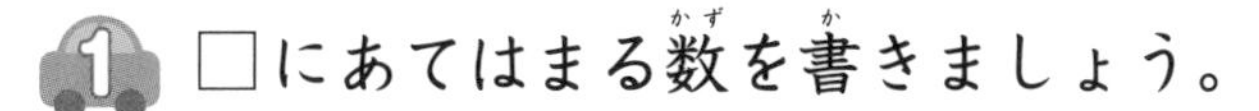

1 □にあてはまる数を書きましょう。　【1問　5点】

① 1分15秒＝□秒　② 2分7秒＝□秒

③ 4分＝□秒　④ 3分20秒＝□秒

⑤ 1分42秒＝□秒

⑥ 86秒＝□分□秒

⑦ 111秒＝□分□秒

⑧ 145秒＝□分□秒

⑨ 180秒＝□分

⑩ 250秒＝□分□秒

2 時間の短いじゅんに，1，2，3，4を（　）に書きましょう。

【1問　10点】

① ［ 1分　2秒　3分　4秒 ］
（　　）（　　）（　　）（　　）

② ［ 2分　22秒　222秒　2分2秒 ］
（　　）（　　）（　　）（　　）

③ ［ 1分10秒　80秒　65秒　1分15秒 ］
（　　）（　　）（　　）（　　）

④ ［ 90秒　9分　300秒　6分 ］
（　　）（　　）（　　）（　　）

⑤ ［ 4分　200秒　5分　250秒 ］
（　　）（　　）（　　）（　　）

19 かかった時間をもとめる文章題①

月　日

点

1 たけしさんは，午前10時に家を出て，午前10時20分に公園に着きました。たけしさんが，家を出てから公園に着くまでにかかった時間は何分ですか。 【20点】

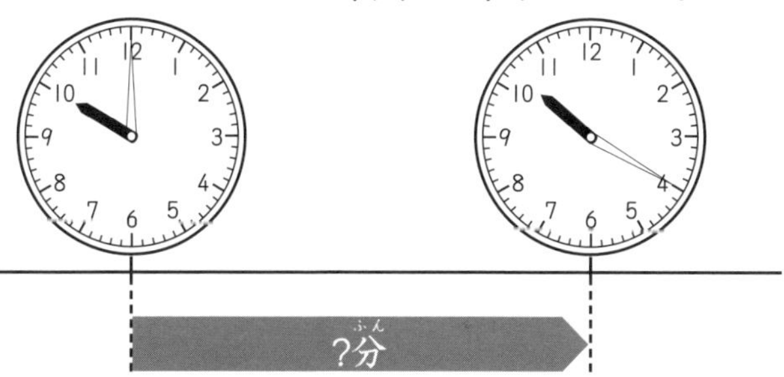

午前 10 時から午前 10 時 20 分までの時間をもとめよう。

（　　　　　）

2 みゆきさんは，午後 1 時40分から午後 2 時25分まで勉強しました。みゆきさんが勉強したのは何分ですか。

【20点】

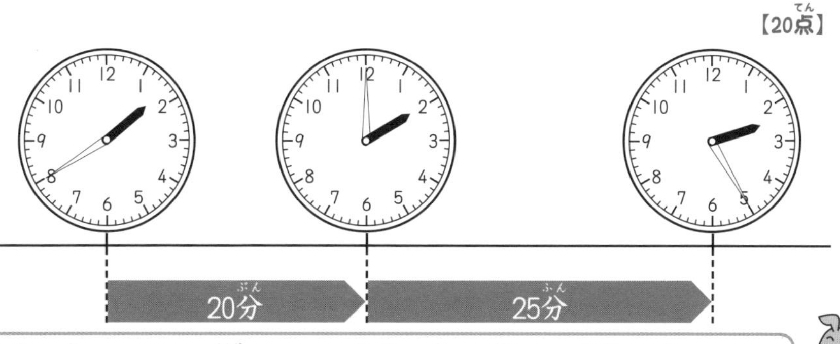

午後 2 時をさかいに考えよう。午後 1 時 40 分から午後 2 時までは 20 分，午後 2 時から午後 2 時 25 分までは 25 分だから，あわせて…

（　　　　　）

3 けんたさんは，午前９時から午前９時50分まで本を読みました。けんたさんが本を読んだのは何分ですか。

【20点】

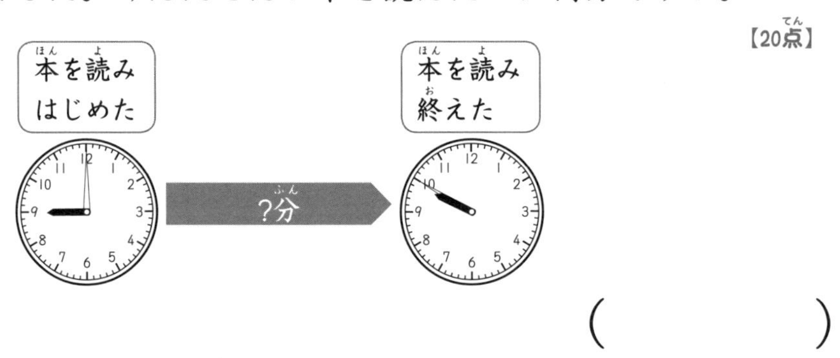

（　　　　）

4 なつきさんは，午後４時30分から午後４時55分までテレビを見ました。なつきさんがテレビを見たのは何分ですか。

【20点】

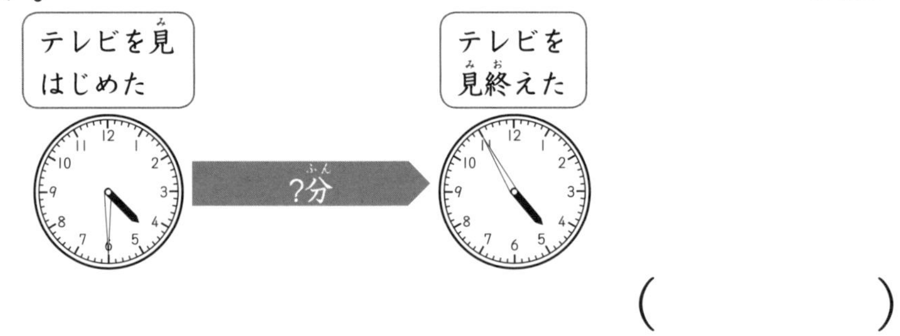

（　　　　）

5 とおるさんは，午前10時45分に家を出て，午前11時15分に図書館に着きました。とおるさんが，家を出てから図書館に着くまでにかかった時間は何分ですか。

【20点】

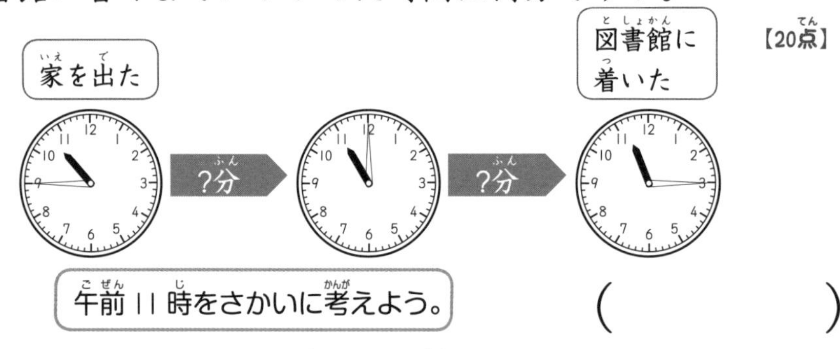

午前11時をさかいに考えよう。

（　　　　）

20 かかった時間をもとめる文章題②

月　日

点

1 かずやさんは，午前８時から午前11時まで野球をしました。かずやさんが野球をしたのは何時間ですか。【20点】

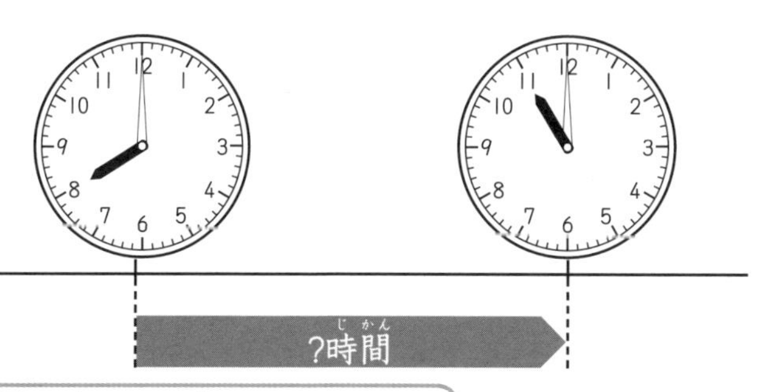

午前８時から午前11時までの時間をもとめればいいね。

（　　　　　）

2 あんなさんは，午前10時から午後２時までお母さんとデパートで買い物をしました。あんなさんが買い物をしたのは何時間ですか。【20点】

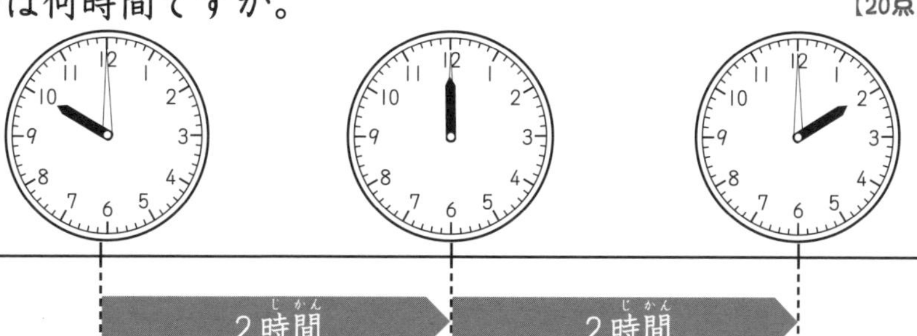

正午をさかいに考えるよ。午前10時から正午までと，正午から午後２時までの時間をあわせよう。

（　　　　　）

3 みどりさんは，午前６時から午前７時までジョギングをしました。みどりさんがジョギングをしたのは何時間ですか。【20点】

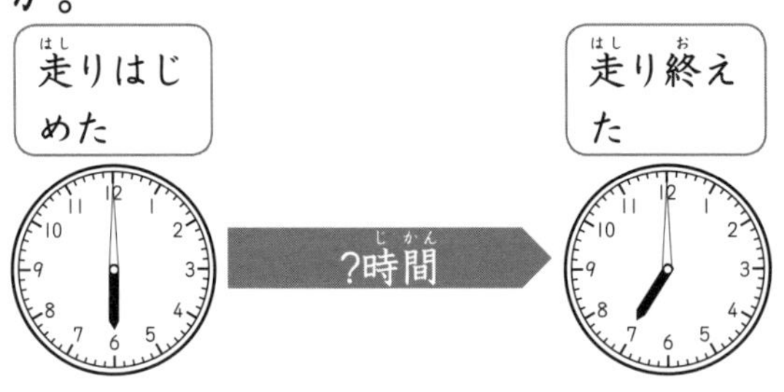

（　　　　　）

4 だいきさんは，午後２時30分から午後４時30分までサッカーをしました。だいきさんがサッカーをしたのは何時間ですか。【20点】

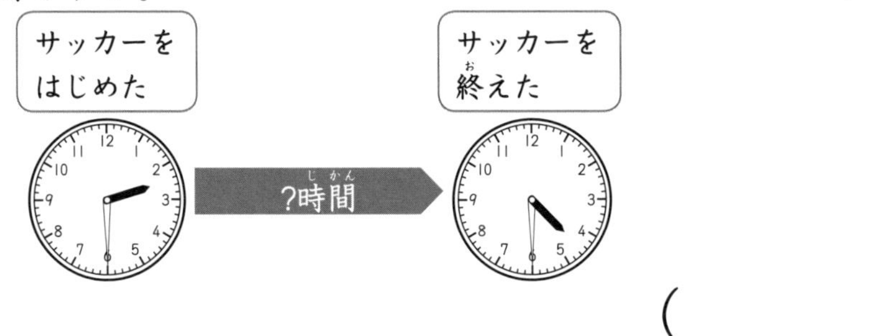

（　　　　　）

5 みかさんは，午後９時にねて午前７時に起きました。みかさんがねたのは何時間ですか。【20点】

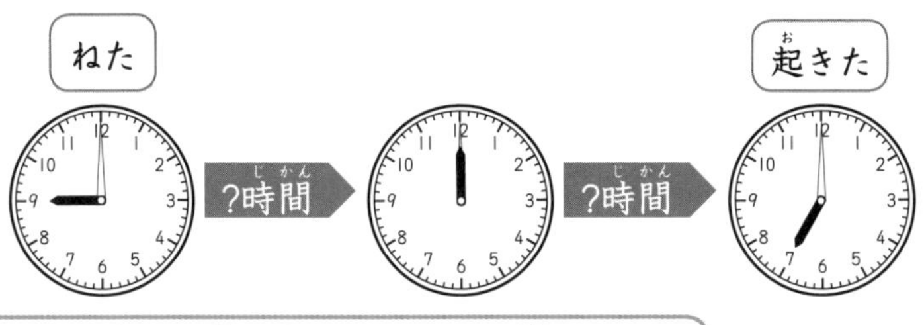

午後12時（午前０時）をさかいに考えよう。

（　　　　　）

21 かかった時間をもとめる文章題③

月　日

点

1 あゆみさんは，午前10時20分から午前11時40分まで植物園にいました。あゆみさんが植物園にいた時間は何時間何分ですか。【20点】

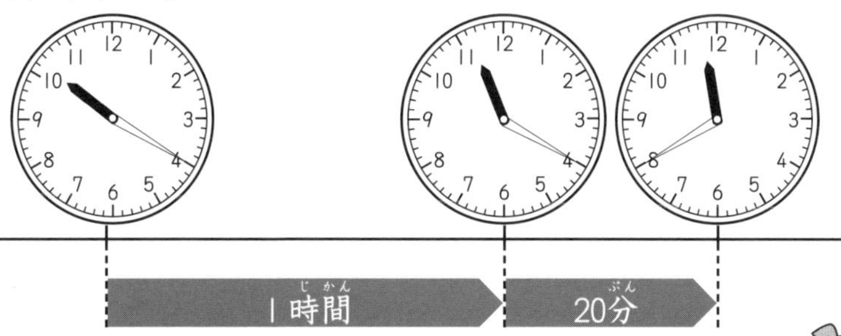

午前 10 時 20 分から午前 11 時 20 分までは 1 時間，
午前 11 時 20 分から午前 11 時 40 分までは 20 分。あわせて…

（　　　　　　）

2 ひろきさんは，午前11時10分から午後2時50分までおばさんの家にいました。ひろきさんがおばさんの家にいた時間は何時間何分ですか。【20点】

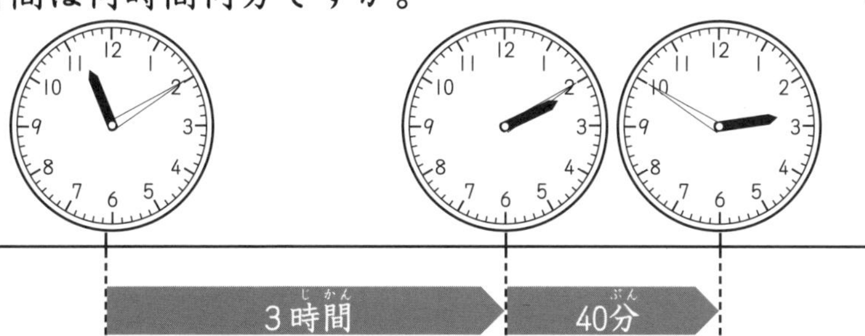

午前 11 時 10 分の 3 時間後が午後 2 時 10 分になることから考えよう。

（　　　　　　）

3 しんやさんは，午前８時から午前９時15分まで草むしりをしました。しんやさんが草むしりをしたのは何時間何分ですか。【20点】

（　　　　　　　　）

4 みずきさんは，午後１時30分から午後３時20分までえいがを見ました。みずきさんがえいがを見たのは何時間何分ですか。【20点】

（　　　　　　　　）

5 ひろみさんは，午前７時40分から午後４時10分まで遠足に行きました。ひろみさんが遠足に行っていた時間は何時間何分ですか。【20点】

午前７時40分の８時間後は午後３時40分。
あと何分あるかな？

（　　　　　　　　）

22

終わった時こくをもとめる文章題①

月　日

点

1 つよしさんは，家を午前７時40分に出て，15分歩いて学校に着きました。着いた時こくは何時何分ですか。

【20点】

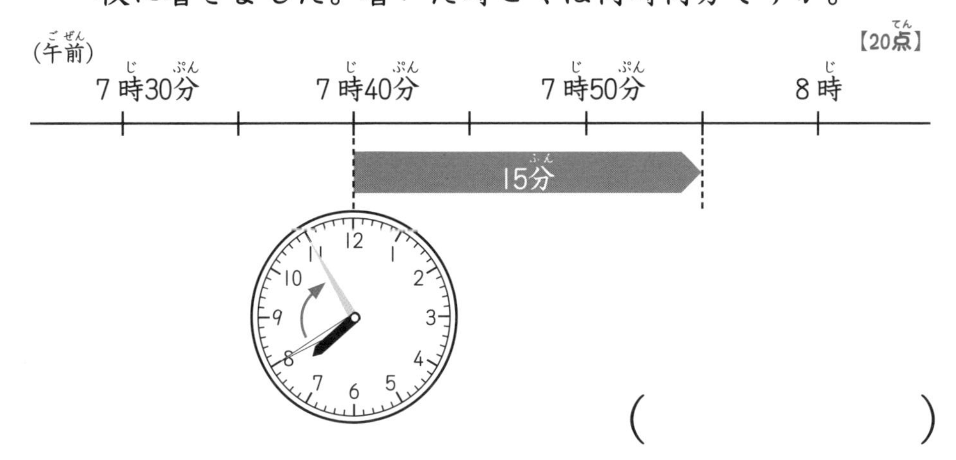

(　　　　　)

2 ななさんは，午後６時50分から夕ごはんを食べはじめ，45分後に食べ終わりました。ななさんが夕ごはんを食べ終わったのは何時何分ですか。

【20点】

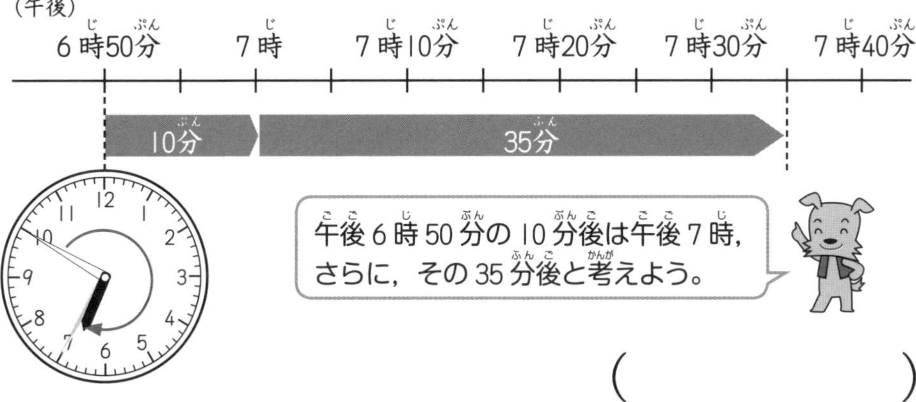

(　　　　　)

3 てつやさんは，家を午後２時15分に出て，25分歩いて本屋に着きました。着いた時こくは何時何分ですか。

【20点】

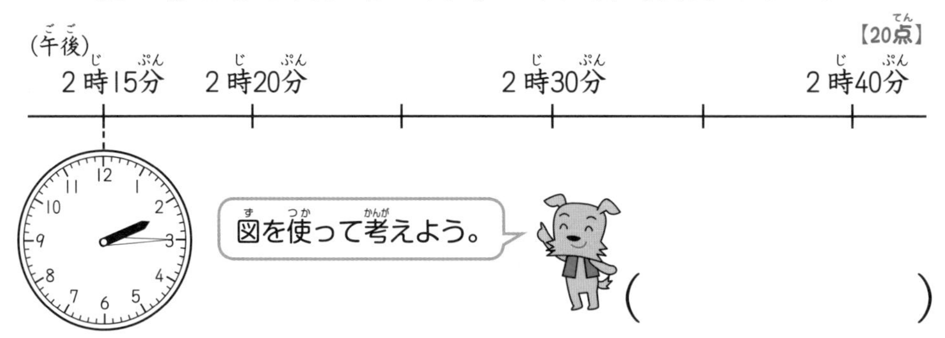

（　　　　　　）

4 まりさんは，午前10時30分から20分，自分のへやをそうじしました。そうじを終えた時こくは何時何分ですか。

【20点】

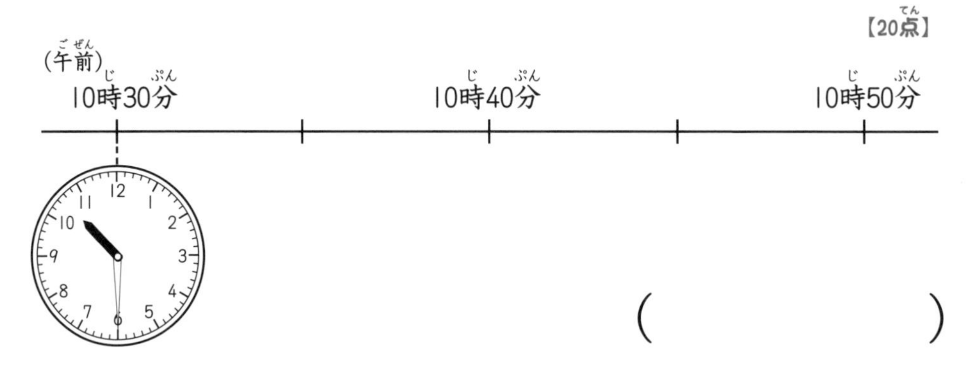

（　　　　　　）

5 しおりさんは，午後１時35分からケーキをやきはじめました。ケーキは40分でやきあがります。ケーキができる時こくは何時何分ですか。

【20点】

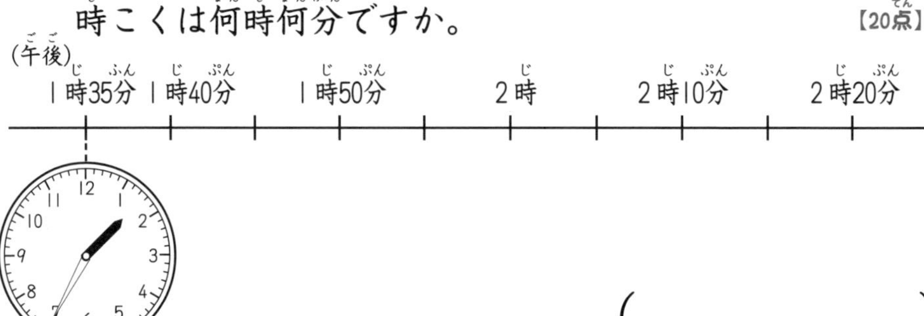

（　　　　　　）

23 終わった時こくをもとめる文章題②

月　日

点

1 たくまさんは，家を午前10時に出て，プールで泳いで3時間後に家へ帰りました。家に帰った時こくは何時ですか。【20点】

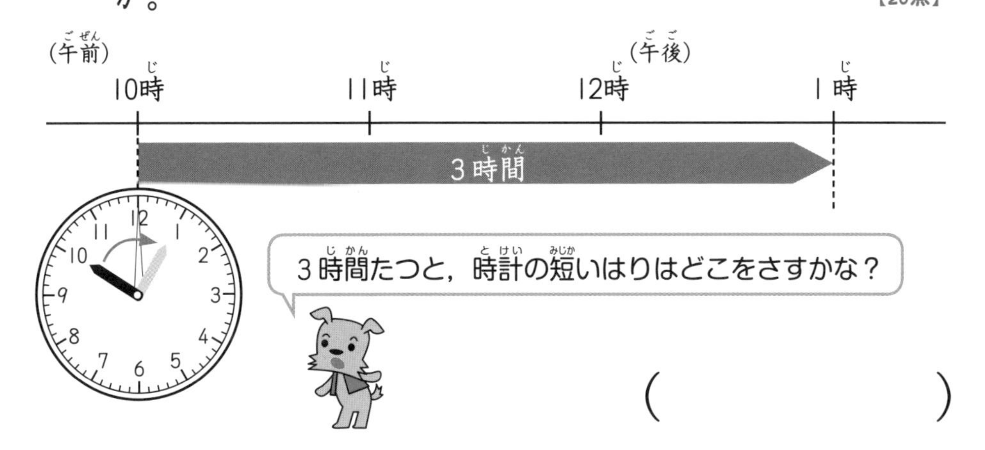

(　　　　　)

2 ゆかりさんは，家を午後1時45分に出て，1時間20分かけておじさんの家に着きました。おじさんの家に着いた時こくは何時何分ですか。【20点】

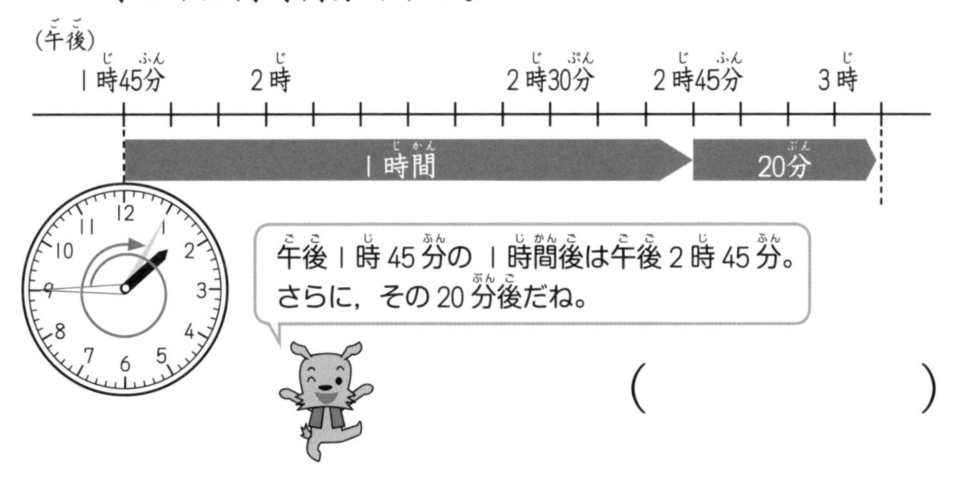

(　　　　　)

3 こうじさんは，午前９時にハイキングをはじめて，２時間後に山のちょう上に着きました。ちょう上に着いた時こくは何時ですか。【20点】

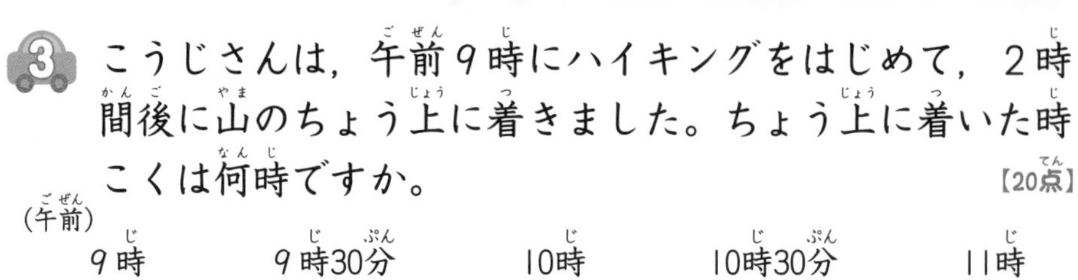

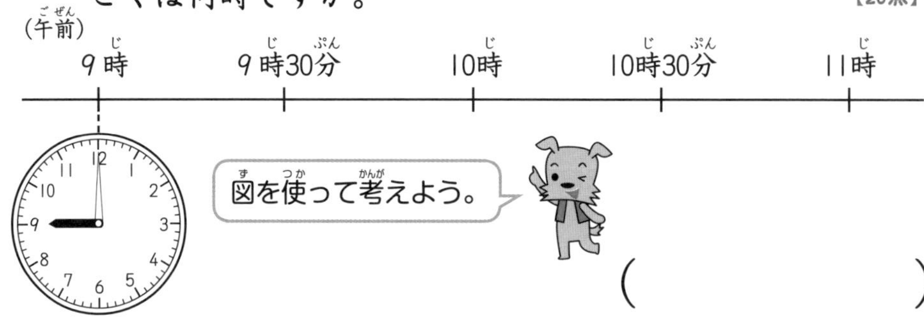

(　　　　　　)

4 午前11時10分発の電車は，２時間40分後に山田駅に着くそうです。山田駅に着く時こくは何時何分ですか。【20点】

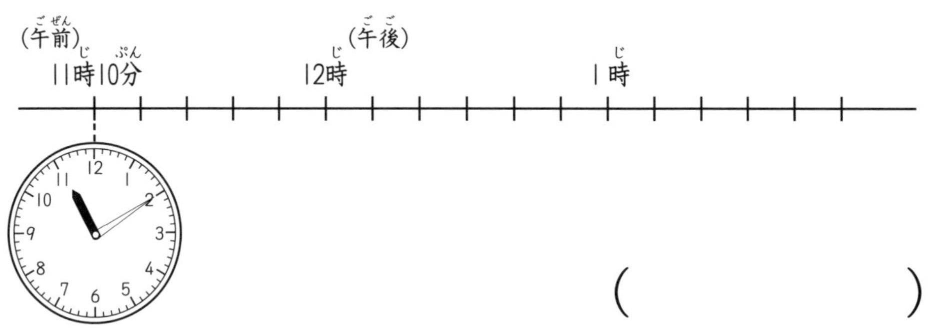

(　　　　　　)

5 くみこさんは，午前８時40分から川のごみひろいを１時間30分しました。ごみひろいが終わった時こくは何時何分ですか。【20点】

(午前)
８時40分　９時　９時30分　10時

(　　　　　　)

はじめの時こくをもとめる文章題①

月　日　　点

1 ちひろさんは，家を出てから10分歩いて駅に午前８時に着きました。家を出た時こくは何時何分ですか。【20点】

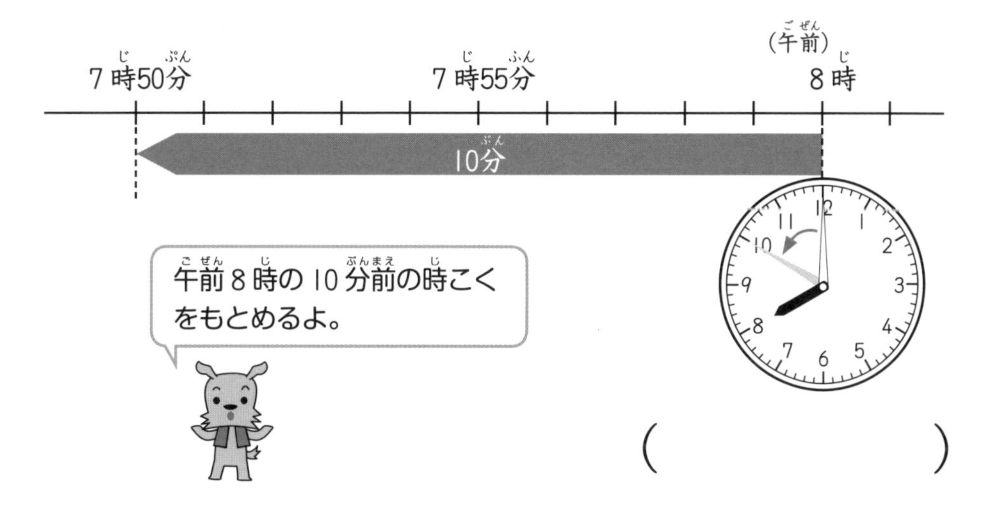

（　　　　　　）

2 やよいさんは，学校を出てから25分歩いて家に午後４時５分に着きました。学校を出た時こくは何時何分ですか。【20点】

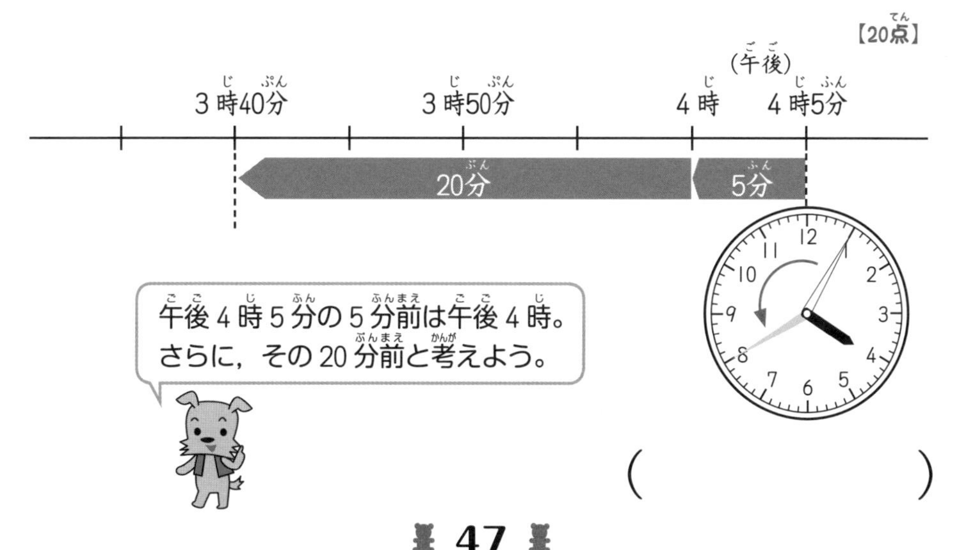

（　　　　　　）

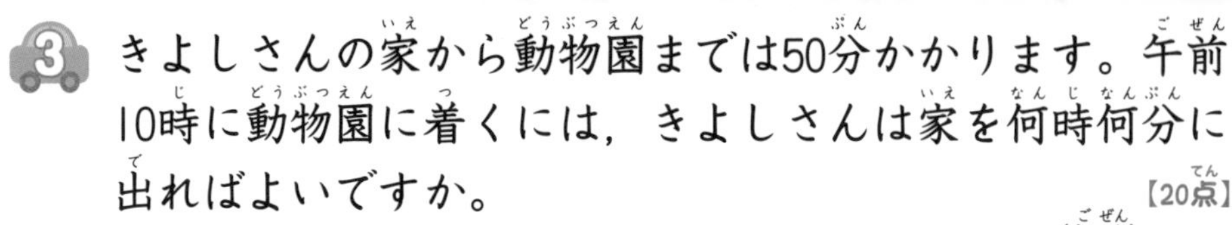

3 きよしさんの家から動物園までは50分かかります。午前10時に動物園に着くには，きよしさんは家を何時何分に出ればよいですか。 【20点】

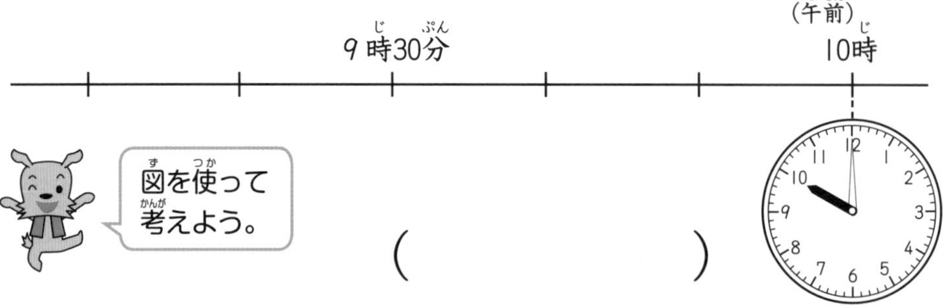

(　　　　　　)

4 バスは，発車してから35分後の午前11時に水族館に着きます。バスは，何時何分に発車しますか。 【20点】

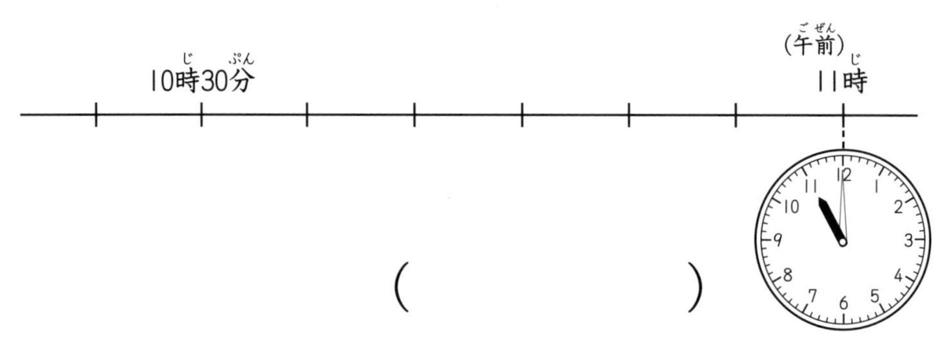

(　　　　　　)

5 サッカーのしあいが，今から40分後の午後2時30分にはじまります。今は，何時何分ですか。 【20点】

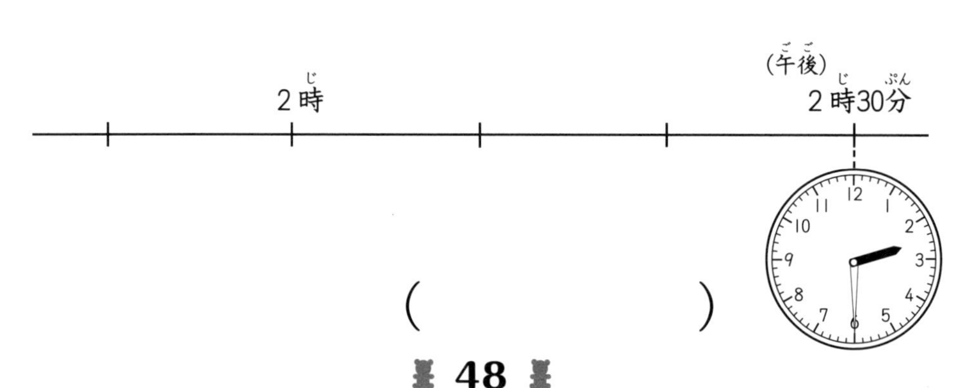

(　　　　　　)

25 はじめの時こくを もとめる文章題②

月　日　　点

1 はやとさんたちは，パン工場を１時間20分自由に見学したあと，午後３時にバスに集合します。自由に見学をはじめる時こくは何時何分ですか。【20点】

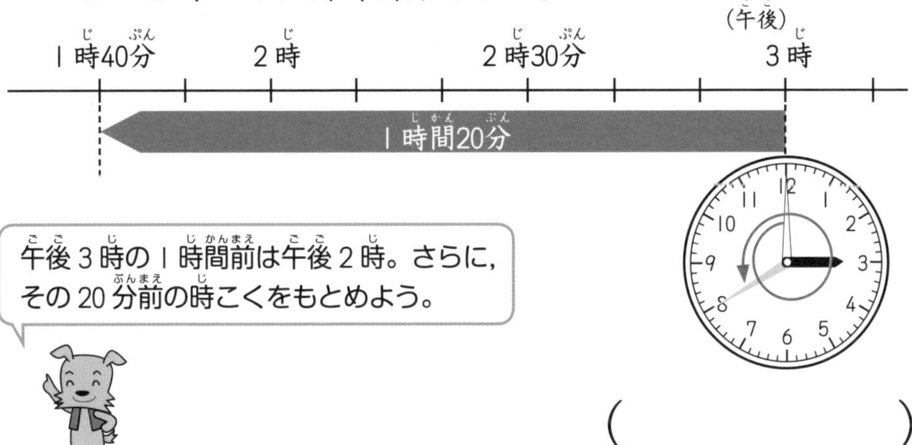

(　　　　　)

2 ２時間かかった野球のしあいが，午後１時に終わりました。しあいがはじまった時こくは何時ですか。【20点】

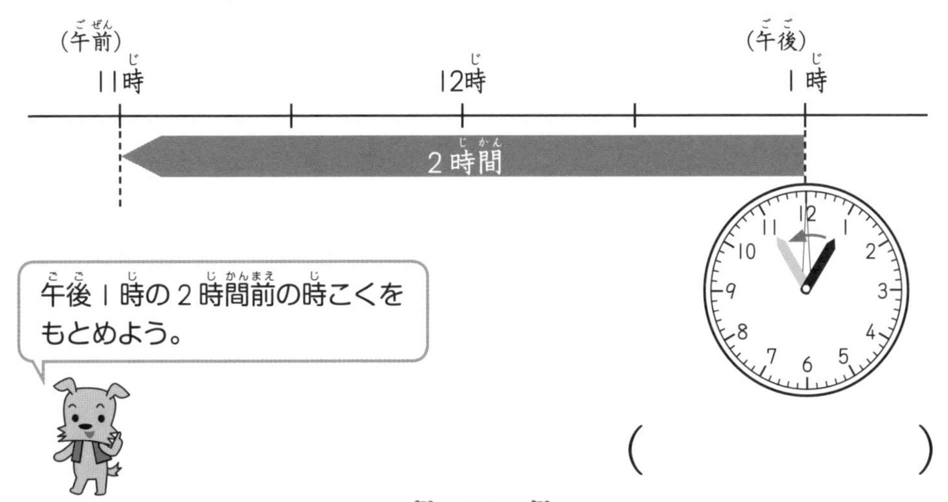

(　　　　　)

3 お父さんは，電車に１時間10分乗って，午前11時に東京駅に着きました。お父さんが電車に乗った時こくは何時何分ですか。【20点】

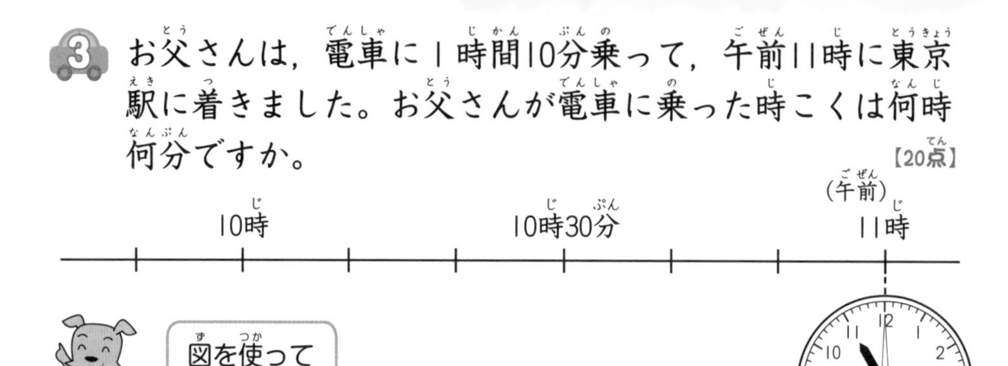

(　　　　　　)

4 １時間40分の人形げきが，午後５時に終わりました。人形げきがはじまった時こくは何時何分ですか。【20点】

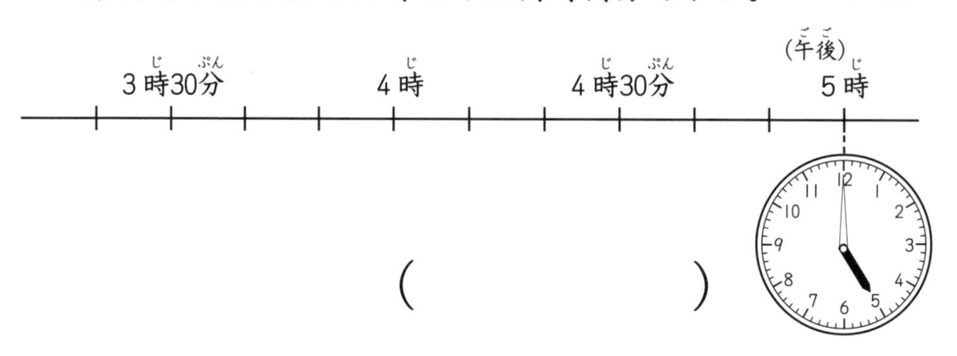

(　　　　　　)

5 １時間50分のコンサートが，午後８時20分に終わりました。コンサートがはじまった時こくは何時何分ですか。

【20点】

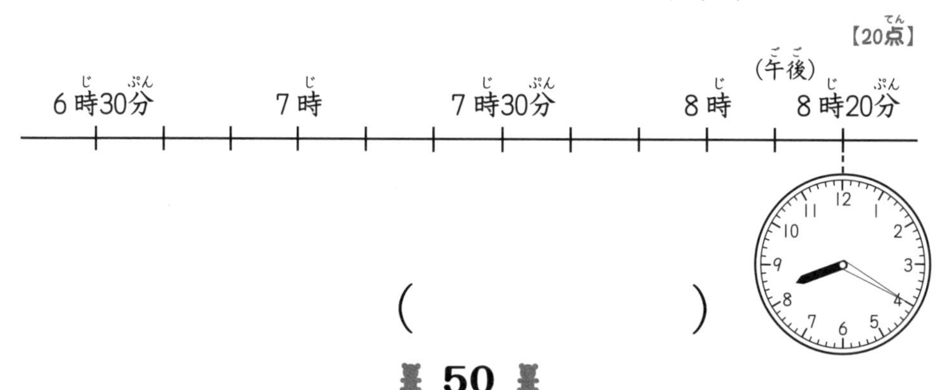

(　　　　　　)

あわせた時間をもとめる文章題①

月　日

点

1 みさとさんは，学校から帰って，漢字の練習を20分，計算の練習を30分しました。あわせて何分勉強をしましたか。

【20点】

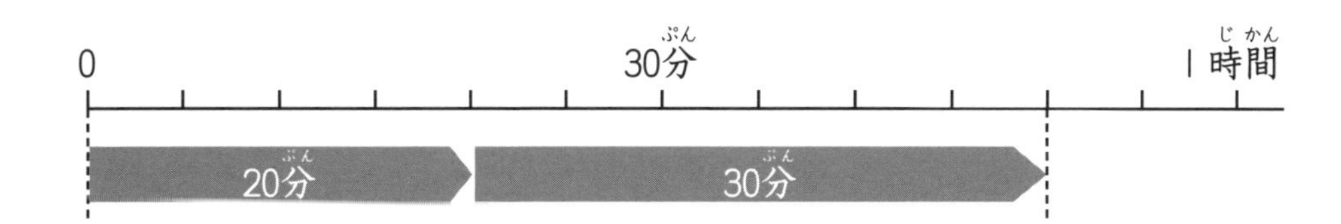

あわせた時間をもとめるので，20分と30分をたすことになるね。

（　　　　）

2 ゆうたさんは，バスに15分，電車に40分乗って，おじさんの家に行きました。乗り物に乗っていた時間は，全部で何分ですか。

【20点】

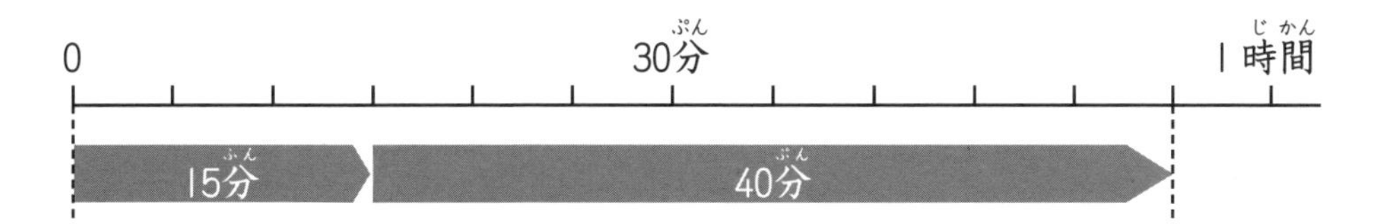

バスに乗っていた時間と，電車に乗っていた時間をあわせるよ。

（　　　　）

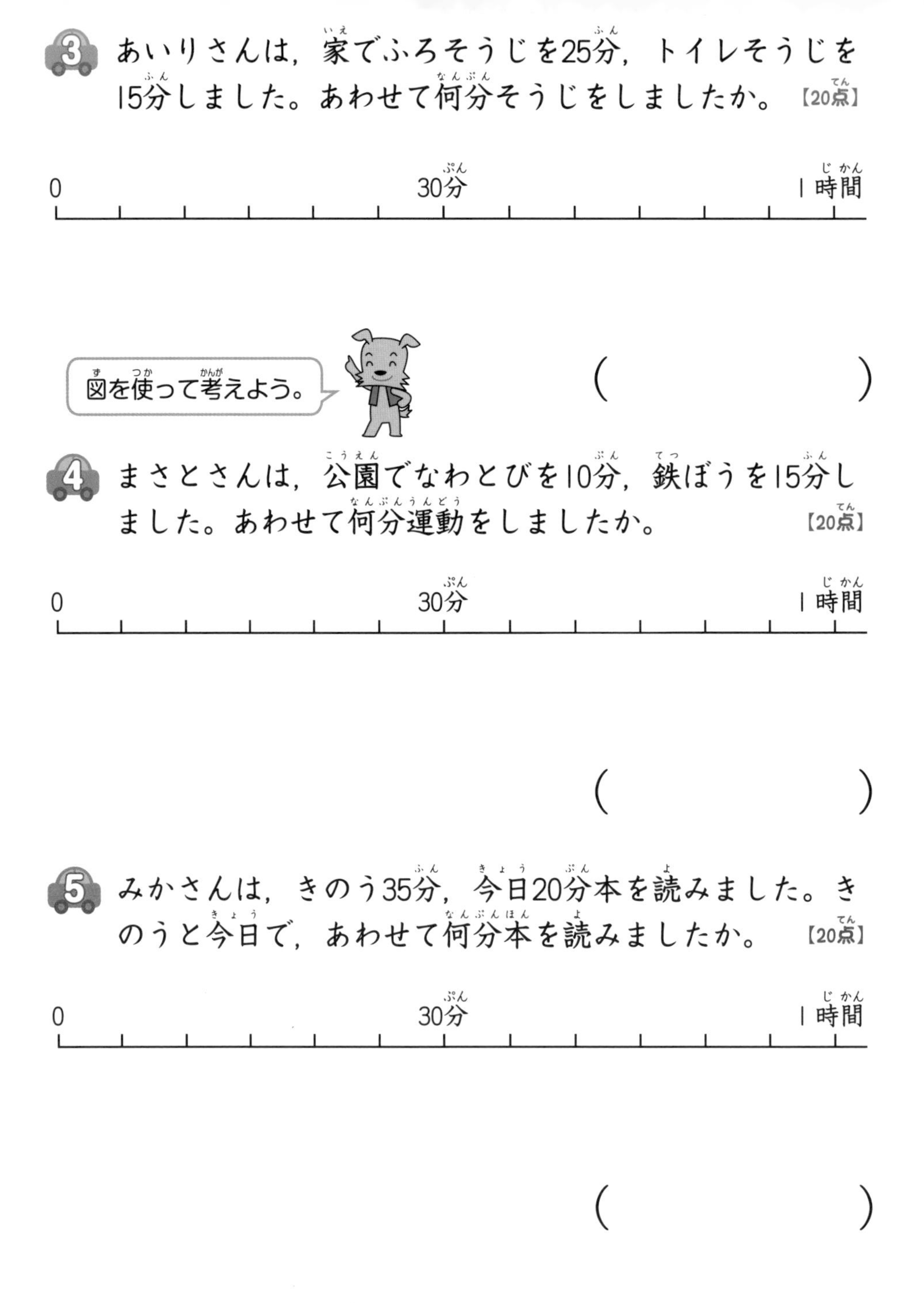

3 あいりさんは，家でふろそうじを25分，トイレそうじを15分しました。あわせて何分そうじをしましたか。【20点】

0　30分　1時間

（　　　　　）

図を使って考えよう。

4 まさとさんは，公園でなわとびを10分，鉄ぼうを15分しました。あわせて何分運動をしましたか。【20点】

0　30分　1時間

（　　　　　）

5 みかさんは，きのう35分，今日20分本を読みました。きのうと今日で，あわせて何分本を読みましたか。【20点】

0　30分　1時間

（　　　　　）

27 あわせた時間をもとめる文章題②

月　日

点

1 すすむさんは，マラソン大会の練習のため，朝30分，夕方40分走りました。あわせて何時間何分走りましたか。【20点】

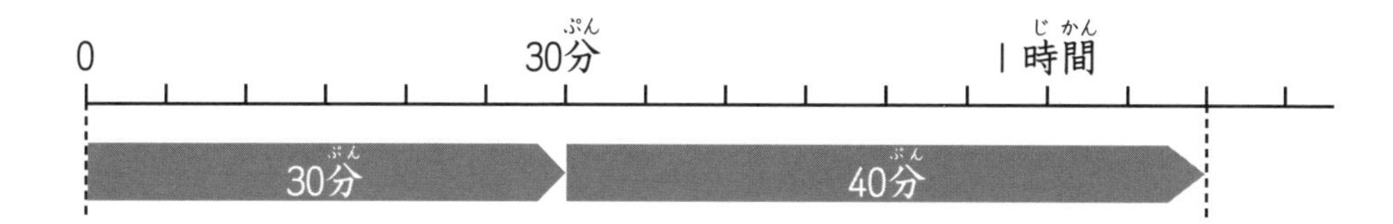

60分＝1時間を使ってもとめよう。

（　　　　　）

2 山に登るときは50分，おりるときは35分かかりました。あわせて何時間何分かかりましたか。【20点】

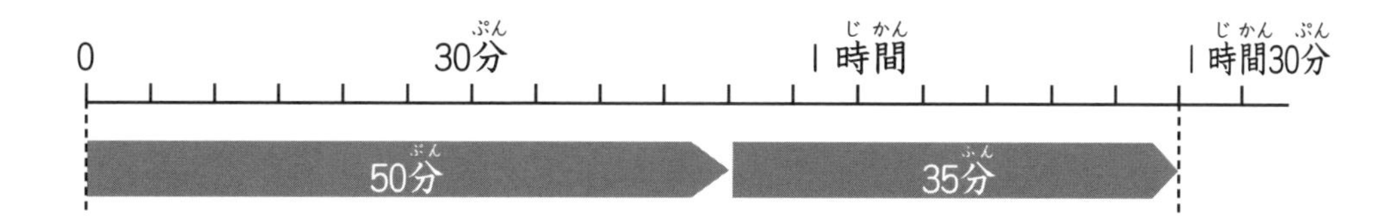

何時間何分で答えることに気をつけよう。

（　　　　　）

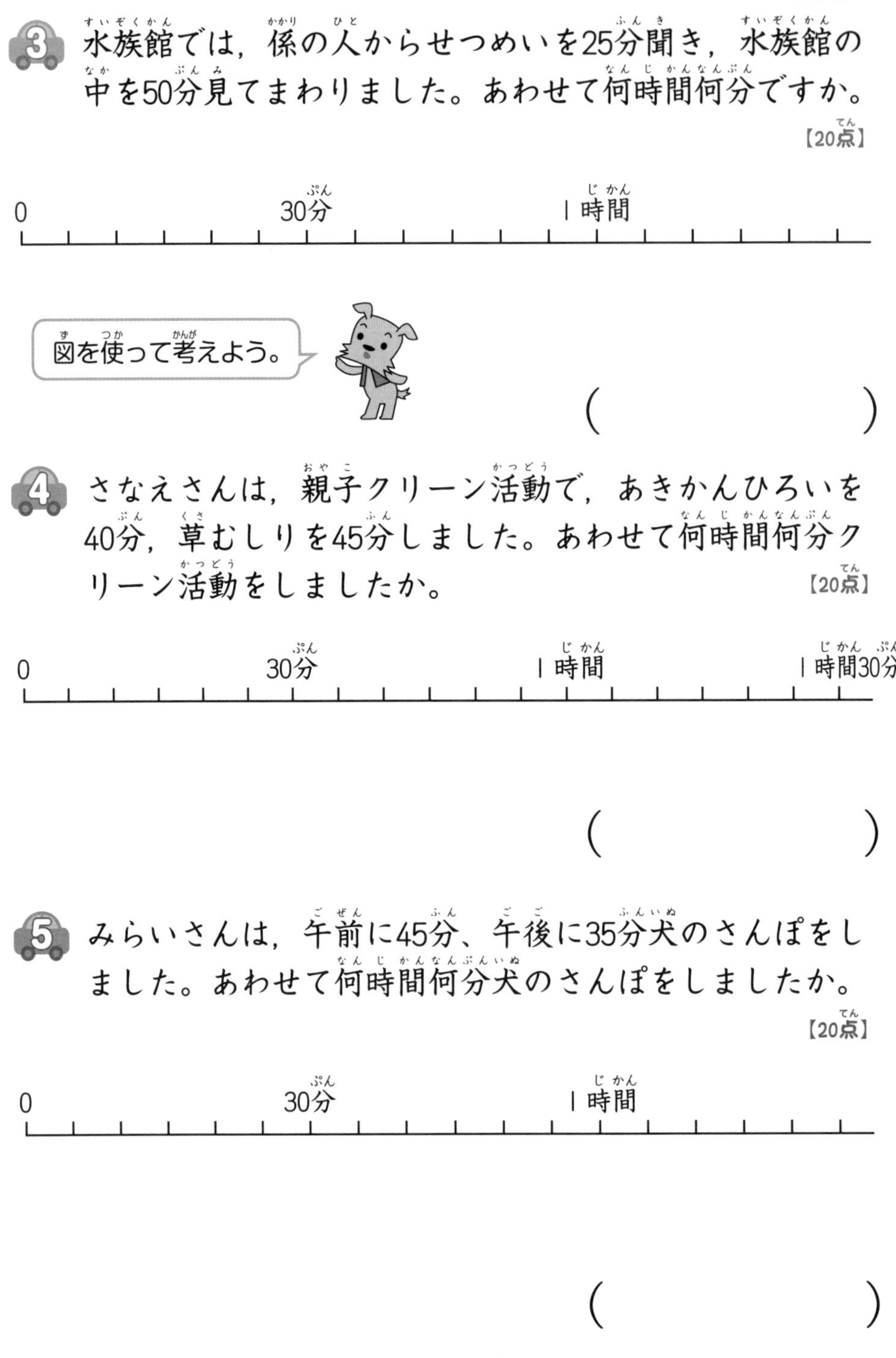

3 水族館では，係の人からせつめいを25分聞き，水族館の中を50分見てまわりました。あわせて何時間何分ですか。

【20点】

0　30分　1時間

図を使って考えよう。

（　　　　　）

4 さなえさんは，親子クリーン活動で，あきかんひろいを40分，草むしりを45分しました。あわせて何時間何分クリーン活動をしましたか。

【20点】

0　30分　1時間　1時間30分

（　　　　　）

5 みらいさんは，午前に45分、午後に35分犬のさんぽをしました。あわせて何時間何分犬のさんぽをしましたか。

【20点】

0　30分　1時間

（　　　　　）

28 文章題のまとめ

月　日

点

1 かずえさんは，午前９時40分に家を出て，午前10時10分にはくぶつ館に着きました。かずえさんが，家を出てからはくぶつ館に着くまでにかかった時間は何分ですか。

【20点】

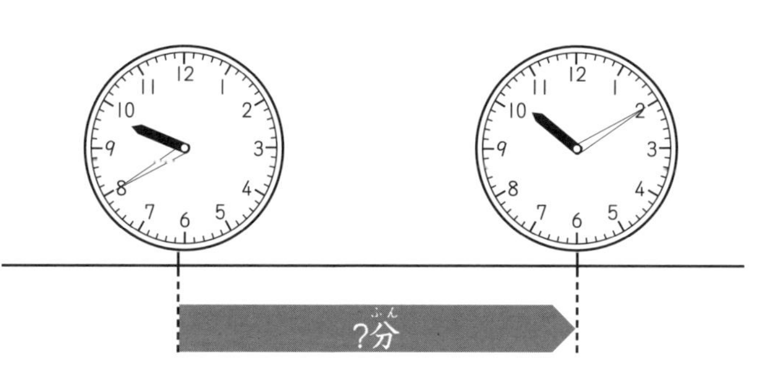

（　　　　　）

2 たくまさんは，午後１時50分から午後３時まで，一りん車に乗って遊びました。たくまさんが，一りん車に乗って遊んでいた時間は何時間何分ですか。

【20点】

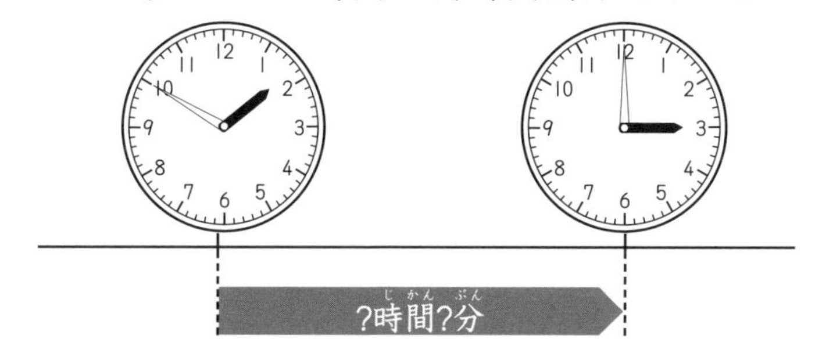

（　　　　　）

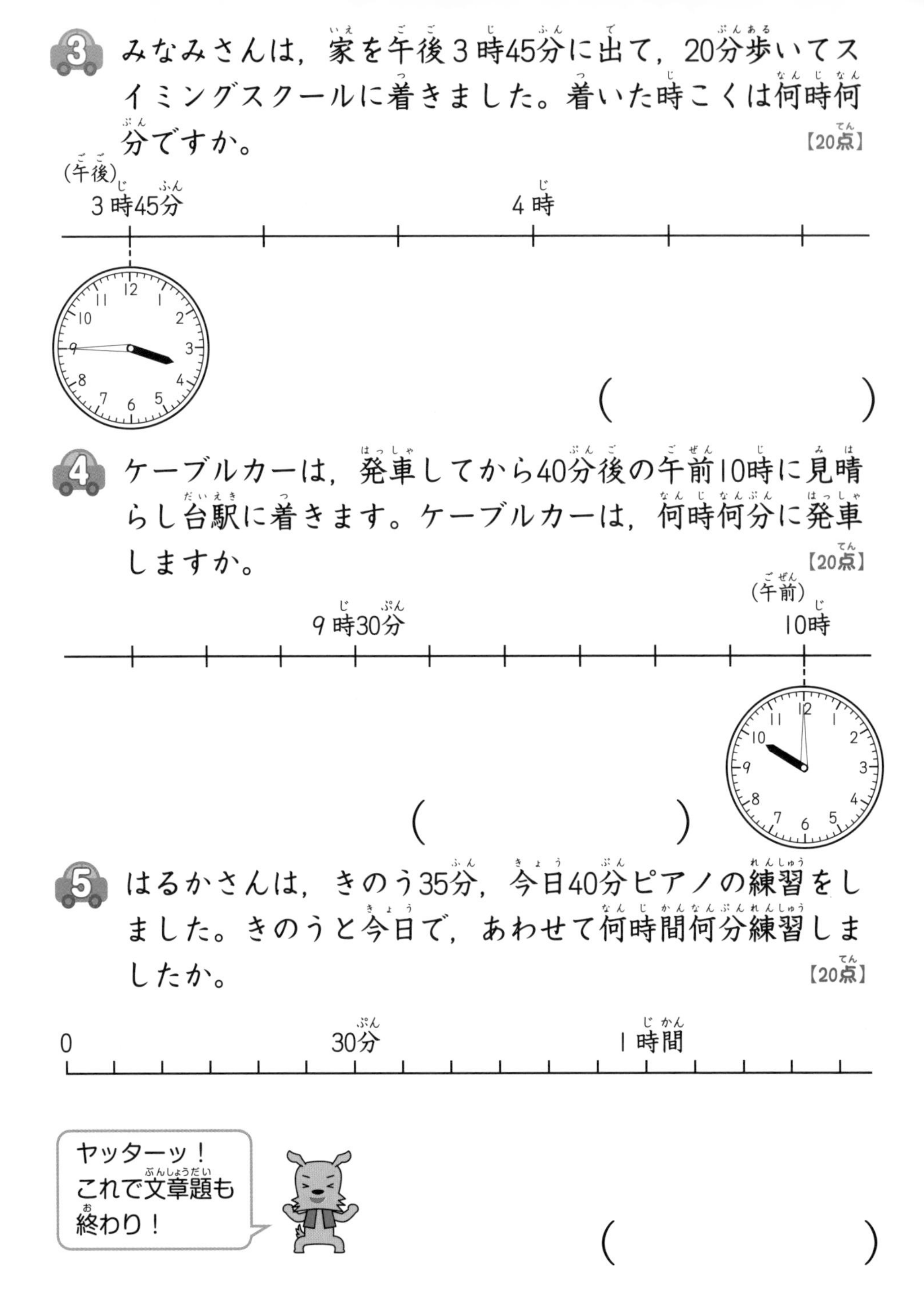

3 みなみさんは，家を午後3時45分に出て，20分歩いてスイミングスクールに着きました。着いた時こくは何時何分ですか。【20点】

(午後)
3時45分　　4時

（　　　　）

4 ケーブルカーは，発車してから40分後の午前10時に見晴らし台駅に着きます。ケーブルカーは，何時何分に発車しますか。【20点】

9時30分　　(午前)
10時

（　　　　）

5 はるかさんは，きのう35分，今日40分ピアノの練習をしました。きのうと今日で，あわせて何時間何分練習しましたか。【20点】

0　　30分　　1時間

（　　　　）

1 時計①（何時）
P1・2

1
① 1時
② 2時
③ 3時
④ 4時
⑤ 5時
⑥ 6時

2
① 8時
② 10時
③ 11時
④ 12時（0時）
⑤ 9時
⑥ 3時
⑦ 7時
⑧ 1時

2 時計②（何時半）
P3・4

1
① 1時半
② 2時半
③ 3時半
④ 4時半
⑤ 5時半

2
① 6時半
② 8時半
③ 10時半
④ 11時半
⑤ 5時半
⑥ 7時半
⑦ 9時半

3 時計③（何時10分まで）
P5・6

1
① 8時1分
② 8時2分
③ 8時3分
④ 8時4分
⑤ 8時5分

2
① 8時5分
② 8時7分
③ 8時8分
④ 8時10分
⑤ 8時4分
⑥ 8時2分
⑦ 8時6分
⑧ 8時9分

4 時計④（何時10分まで）
P7・8

1
① 8時5分
② 6時5分
③ 10時5分
④ 8時3分
⑤ 9時3分
⑥ 4時6分

2
① 8時10分
② 10時10分
③ 5時2分
④ 7時6分
⑤ 6時8分
⑥ 2時1分
⑦ 11時4分
⑧ 3時7分

5 時計⑤（何時20分まで）

P9・10

1
① 8時10分
② 8時11分
③ 8時12分
④ 8時15分

2
① 8時16分
② 8時18分
③ 8時20分
④ 8時13分
⑤ 8時15分
⑥ 8時17分

6 時計⑥（5分ごと）

P11・12

1
① 9時20分
② 9時25分
③ 9時30分
④ 9時35分
⑤ 9時40分
⑥ 9時45分

2
① 9時15分
② 7時15分
③ 3時45分
④ 10時35分
⑤ 1時25分
⑥ 2時40分
⑦ 5時50分
⑧ 12時55分（0時55分）

7 時計⑦（何時何分）

P13・14

1
① 8時10分
② 8時11分
③ 8時13分
④ 9時20分
⑤ 9時23分
⑥ 9時26分

2
① 4時30分
② 4時34分
③ 4時40分
④ 4時42分
⑤ 4時45分
⑥ 4時48分
⑦ 4時50分
⑧ 4時53分

8 時計⑧（何時何分）

P15・16

1
① 8時17分
② 9時17分
③ 6時17分
④ 1時22分
⑤ 10時24分
⑥ 3時26分

2
① 8時12分
② 10時19分
③ 2時21分
④ 11時29分

⑤ 4時7分
⑥ 7時13分
⑦ 5時23分
⑧ 9時27分

9 時計⑨（何時何分）

P17・18

1 ① 1時31分
② 3時37分
③ 5時42分
④ 7時48分
⑤ 4時53分
⑥ 9時57分

2 ① 2時33分
② 6時41分
③ 9時46分
④ 5時51分
⑤ 10時38分
⑥ 8時49分
⑦ 11時59分

10 時こくと時間①

P19・20

1 ① 1
② 60
③ 1
④ 60
⑤ 2
⑥ 120
⑦ 2
⑧ 120
⑨ 5
⑩ 5

2 ① 午前
② 12
③ 午後
④ 12
⑤ 正午
⑥ 24
⑦ 12
⑧ 0
⑨ 12
⑩ 2

11 時こくと時間②

P21・22

1 ① 7
② 3
③ 10
④ 6
⑤ 9
⑥ 6

2 ① 午前10時
② 午前10時30分
③ 午前9時30分
④ 午前11時

3 ① 午後3時40分
② 午後2時40分
③ 午後3時10分
④ 午後4時

12 時こくと時間③

P23・24

1 ① 1時間
② 2時間
③ 4時間
④ 5時間
⑤ 3時間

2 ① 6時間
② 3時間
③ 6時間
④ 5時間
⑤ 14時間

13 時こくと時間④

P25・26

1 ① 10分
② 20分
③ 20分
④ 30分
⑤ 40分

2 ① 25分
② 15分
③ 20分
④ 12分
⑤ 32分

14 時こくと時間⑤

P27・28

1 ① 1時間5分
② 1時間10分
③ 1時間15分
④ 2時間20分
⑤ 3時間25分

2 ① 3時間45分
② 8時間50分
③ 5時間40分
④ 9時間55分
⑤ 12時間35分

15 時こくと時間⑥ P29・30

1
① 1時間10分
② 1時間20分
③ 1時間30分
④ 1時間5分
⑤ 3時間15分

2
① 2時間25分
② 6時間20分
③ 4時間5分
④ 12時間10分
⑤ 8時間15分

16 時こくと時間⑦ P31・32

1
① 秒
② 60

2
① 1秒
② 5秒
③ 28秒
④ 46秒

3
① 1分37秒
② 1分56秒
③ 2分9秒
④ 2分41秒
⑤ 3分22秒
⑥ 4分33秒
⑦ 5分18秒
⑧ 3分53秒

17 時こくと時間⑧ P33・34

1
① 60
② 65
③ 70
④ 90
⑤ 102
⑥ 114
⑦ 120
⑧ 121
⑨ 135
⑩ 179
⑪ 180
⑫ 300

2
① 1, 2
② 1, 10
③ 1, 40
④ 1, 53
⑤ 2
⑥ 2, 5
⑦ 2, 30
⑧ 4

18 時こくと時間⑨ P35・36

1
① 75
② 127
③ 240
④ 200
⑤ 102
⑥ 1, 26
⑦ 1, 51
⑧ 2, 25
⑨ 3
⑩ 4, 10

2 (それぞれ左からじゅんに)

① 3, 1, 4, 2
② 2, 1, 4, 3
③ 2, 4, 1, 3
④ 1, 4, 2, 3
⑤ 2, 1, 4, 3

19 かかった時間をもとめる 文章題①

P37・38

1 20分(20分間)
2 45分(45分間)
3 50分(50分間)
4 25分(25分間)
5 30分(30分間)

・午前10時45分から午前11時までは15分, 午前11時から午前11時15分までは15分だから, あわせて30分。

20 かかった時間をもとめる 文章題②

P39・40

1 3時間
2 4時間
3 1時間
4 2時間
5 10時間

・午後9時から午後12時(午前0時)までは3時間, 午前0時から午前7時までは7時間だから, あわせて10時間。

21 かかった時間をもとめる 文章題③

P41・42

1 1時間20分
2 3時間40分
3 1時間15分
4 1時間50分
5 8時間30分

22 終わった時こくをもとめる 文章題①

P43・44

1 午前7時55分
2 午後7時35分
3 午後2時40分
4 午前10時50分
5 午後2時15分

23 終わった時こくをもとめる 文章題②

P45・46

1 午後1時
2 午後3時5分
3 午前11時
4 午後1時50分

・午前11時10分の2時間後は午後1時10分。さらにその40分後の時こくです。

5 午前10時10分

・午前8時40分の1時間後は午後9時40分。さらにその30分後の時こくをもとめます。

24 はじめた時こくをもとめる 文章題①

P47・48

1. 午前７時50分
2. 午後３時40分
3. 午前９時10分
   ・午前10時の50分前の時こくをもとめます。
4. 午前10時25分
5. 午後１時50分
   ・午後２時30分の30分前は午後２時。さらにその10分前の時こくをもとめます。

25 はじめた時こくをもとめる 文章題②

P49・50

1. 午後１時40分
2. 午前11時
3. 午前９時50分
   ・午前11時の１時間10分前の時こくをもとめます。午前11時の１時間前は午前10時。さらにその10分前だから，午前９時50分。
4. 午後３時20分
   ・午後５時の１時間40分前の時こくをもとめます。午後５時の１時間前は午後４時。さらにその40分前だから，午後３時20分。
5. 午後６時30分
   ・午後８時20分の１時間50分前の時こくをもとめます。午後８時20分の１時間前は午後７時20分。さらにその50分前だから，午後７時20分の20分前は午後７時。その30分前は午後６時30分。

26 あわせた時間をもとめる 文章題①

P51・52

1. 50分（50分間）
2. 55分（55分間）
3. 40分（40分間）
   ・25＋15＝40
4. 25分（25分間）
   ・10＋15＝25
5. 55分（55分間）
   ・35＋20＝55

27 あわせた時間をもとめる 文章題②

P53・54

1. １時間10分
   ・朝の30分と，夕方の40分をあわせて70分。何時間何分で答えるので，
   60分＝１時間だから
   70分＝１時間10分
2. １時間25分
   ・登るときの50分と，おりる

ときの35分をあわせて85分。
85分＝１時間25分

③ １時間15分

・せつめいの25分と，見(み)てまわった50分をあわせて75分。
75分＝１時間15分

④ １時間25分

・あきかんひろいの40分と，草むしりの45分をあわせて85分。
85分＝１時間25分

⑤ １時間20分

・午前の45分と，午後の35分をあわせて80分。
80分＝１時間20分

28 文章題(ぶんしょうだい)のまとめ

P.55・56

① 30分（30分間）

・午前９時40分から午前10時10分までの時間をもとめます。午前９時40分から午前10時までは20分，午前10時から午前10時10分までは10分だから，20分と10分をあわせて30分。

② １時間10分

・午後１時50分から午後３時までの時間をもとめます。午後１時50分から午後２時50分までは１時間，午後２時50分から午後３時までは10分だから，１時間と10分をあわせて１時間10分。

③ 午後４時５分

・午後３時45分の20分後の時こくをもとめます。午後３時45分の15分後は午後４時。さらにその５分後だから，午後４時５分。

④ 午前９時20分

・午前10時の40分前の時こくをもとめます。時こくは，午前９時20分。

⑤ １時間15分

・きのうの35分と，今日の40分をあわせて75分。
75分＝１時間15分